普通高等教育"十二五"规划教材

钢铁模拟冶炼指导教程

王一雍 彭兴东 金辉 赵鹏 编著

北 京

冶金工业出版社

2015

内 容 提 要

本书为冶金工程专业、材料成型及控制工程专业"钢铁模拟生产"工程实践指导教程。通过钢铁大学的网络平台 steeluniversity.org，利用高炉炼铁模块、转炉吹氧炼钢模块、电炉炼钢模块、二次精炼模块、连铸模块、中厚板轧制模拟模块、型钢轧制模块，分别冶炼出普通建筑用钢（CON）、TiNb 超低碳汽车用钢（ULC）、输送气体用管线钢（LPS）、工程用钢（AISI4140）；轧制中厚板、管线钢（X70、X56）、船板用钢（AH32、EH32）、普通结构板 S355、海面上风力发电机塔筒用钢以及型钢。

书中制定的钢铁生产计划及相应的生产目标与我国大型钢铁企业的生产实际相契合，分为高炉炼铁模拟冶炼、转炉炼钢模拟冶炼、电炉炼钢模拟冶炼、二次精炼模拟冶炼、连续铸钢模拟、高炉 - 转炉双联工艺模拟冶炼、转炉（电炉）- 二次精炼双联工艺模拟冶炼、二次精炼 - 连铸双联工艺模拟，中厚板模拟轧制、型钢模拟轧制等内容，涵盖了钢铁生产中所有环节。

本书适合高等院校冶金专业、材料加工专业学生学习参考。

图书在版编目（CIP）数据

钢铁模拟冶炼指导教程/王一雍等编著 . —北京：冶金工业出版社，2015.8

普通高等教育"十二五"规划教材

ISBN 978-7-5024-6942-9

Ⅰ.①钢… Ⅱ.①王… Ⅲ.①钢铁冶金—过程模拟—高等学校—教材 Ⅳ.①TF4

中国版本图书馆 CIP 数据核字（2015）第 150845 号

出 版 人　谭学余
地　　　址　北京市东城区嵩祝院北巷 39 号　邮编　100009　电话　（010）64027926
网　　　址　www.cnmip.com.cn　　电子信箱　yjcbs@cnmip.com.cn
责任编辑　王雪涛　宋　良　美术编辑　吕欣童　版式设计　孙跃红
责任校对　禹　蕊　责任印制　李玉山
ISBN 978-7-5024-6942-9
冶金工业出版社出版发行；各地新华书店经销；三河市双峰印刷装订有限公司印刷
2015 年 8 月第 1 版，2015 年 8 月第 1 次印刷
787mm×1092mm　1/16；9.5 印张；228 千字；142 页
25.00 元

冶金工业出版社　投稿电话　（010）64027932　投稿信箱　tougao@cnmip.com.cn
冶金工业出版社营销中心　电话　（010）64044283　传真　（010）64027893
冶金书店　地址　北京市东四西大街 46 号（100010）电话　（010）65289081（兼传真）
冶金工业出版社天猫旗舰店　yjgycbs.tmall.com
（本书如有印装质量问题，本社营销中心负责退换）

前　言

实践性教学环节是指除了理论教学以外的各门课程的实验、实习、课程设计以及认识实习、生产实习、毕业实习和毕业设计等。对于钢铁冶金这类工艺性、实践性很强的专业，完全由理论解析烧结、炼铁、转炉和电炉炼钢、精炼、连铸等高温工艺过程是不现实的，需促进学生将基础理论知识和生产实践相结合，才能实现专业教学目标。

目前，钢铁冶金专业实践教学存在与理论教学环节脱节，教学过程流于形式等问题。以实习为例，钢铁冶金专业在 20 世纪 80 年代以前，学生现场实习非常深入，可以跟班参加操作，对实习考核标准要求高，实习效果好。20 世纪 90 年代以后，随着企业改革的深化，学生实习工作难以为继，虽然学校多方做工作，但也仅国有企业勉强接待实习，效果相当于认识实习。这些客观存在的问题导致许多工科毕业生面对社会、面对企业时感到茫然，缺乏竞争力。在当前毕业生就业市场化、高等教育大众化的背景下，如何保证实践教学效果，是新时期冶金工程专业教学面临的新课题。

"钢铁模拟冶炼"是由国际钢铁协会发起成立，利物浦大学协办的高度互动、内容新颖的电子资源，操作者需运用基本科学知识、冶金工程原理、热力学和动力学原理，进行钢铁生产仿真模拟，其目标是用最低的成本生产出质量合格的产品。虚拟仿真实训教学资源丰富、层次鲜明、由浅入深、操作性强，专业学生通过该系统与工程模拟、动态模型虚实结合的训练，既能够加深学生对抽象的、难懂的理论知识的理解，又有利于学生亲自动手进行炼铁、炼钢等方面的综合实验，增强"钢铁是怎样炼成的"实感，培养学生综合运用所学知识分析问题、解决问题的能力和创新能力，还有利于学生进行现代冶金生产操作训练，弥补学生以往到生产现场不能进行生产操作训练和冶金工艺实验的遗憾，缩短了上岗周期，有利于培养学生的工程能力和提升就业竞争力。该平台目前已开发出高炉炼铁、转炉炼钢、电炉炼钢、炉外精炼、连铸等主要模块，几乎覆盖钢铁生产全流程，学生可在操作界面上进行"真刀真枪"的实训操作。如能将"钢铁模拟冶炼"作为工程实践内容教学的一环，不但可加深学生对"钢铁冶金学"、"钢铁冶金原理"、"冶金物理化学"等课程体系内容的理解，扩展学生知识面，也弥补了在实习过程中不能实际动手操作的不足。如能将"钢铁模拟冶炼"网络程序与中国冶金现场生产实际相结合，充分利用"钢铁模拟冶炼"平台的知识性、挑战性及趣味性，激发学生的学习热情，使学生掌握炼铁、转炉和电炉炼钢、精炼、连铸等生产工艺过程、设备和各种参数，深入理解钢铁冶金工艺过程的基本理论，提高学生分析问题和解决问题的能力，为从事专业工程管理、开发和研究打下坚实的基础。

非常感谢辽宁科技大学教务处对本书出版工作的大力支持。

编著者

2015 年 3 月

目　　录

1 高炉炼铁模拟冶炼

1.1 高炉炼铁介绍

炼铁过程实质上是将铁从其自然形态——矿石等含铁化合物中还原出来的过程。炼铁方法主要有高炉法、直接还原法、熔融还原法等，其原理是矿石在特定的气氛中（还原物质 CO、H_2、C；适宜温度等），通过物化反应获取还原后的生铁。生铁除了少部分用于铸造外，绝大部分是作为炼钢原料。

高炉炼铁主要以铁矿石、焦炭、石灰石、空气等作为炉料，为了给炉内提供足够的透气性，在装入高炉使用之前，铁矿石首先要进行烧结或者球团处理。炼焦厂要准备好冶金级别的焦炭。随后，将一定比例的烧结矿、球团矿、块矿作为炼铁原料与焦炭、熔剂从高炉的炉顶以分层的方式从炉顶装入，从位于炉子下部沿炉周的风口吹入经预热的空气。焦炭和粉煤的燃烧在高炉的循环区产生热量和一氧化碳还原气体，在炉内上升过程中除去铁矿石中的氧，从而还原得到铁。炼出的铁水从铁口放出。铁矿石中不还原的杂质和石灰石等熔剂结合生成炉渣，从渣口排出。产生的煤气从炉顶导出，经除尘后，作为热风炉、加热炉、焦炉、锅炉等的燃料。

1.2 模拟冶炼目的

让学生紧紧围绕高炉炼铁模拟冶炼任务，进一步综合强化在理论课程中所学习的基础理论、基本知识和基本技能，通过钢铁大学网站高炉炼铁模块进行模拟操作（http://www. steeluniversity. org/），冶炼出成分和温度合格的铁水，并满足其他各项技术经济指标的要求。

1.3 模拟冶炼任务

（1）模拟前熟悉模拟过程中如何选择、设置各种数据、参数；

（2）进行钢铁大学网站提供的高炉模拟操作，成功模拟产生的反馈结果将作为成绩评判的依据。

1.4 模拟的目标

本模拟的目标是使用铁矿石作为含铁原料，焦炭和粉煤作为还原剂以及石灰或石灰石作为熔剂，通过选择适当的原料及装入比例、生产过程参数，以获得目标铁水。通过优化生产工艺使目标铁水的成本最低是模拟的终极目标。

1.5　模拟界面

选择高炉模块后，点击"Blast Furnace Simulation"进入高炉模拟冶炼界面，如图 1-1 所示。

图 1-1　模拟登录界面

1.5.1　入炉原料成分设定

继续进行模拟，会进入到图 1-2 所示界面，在此界面中主要设定入炉原料的成分。

高炉炼铁的原料主要有铁矿石（天然富矿或人造富矿）、其他含铁原料、熔剂和焦炭。含铁量在 50% 以上的天然富矿经适当破碎、筛分处理后可直接用于高炉冶炼。贫铁矿一般不能直接入炉，需要破碎、富集并重新造块，制成人造富矿（烧结矿或球团矿）再入高炉。人造富矿含铁量一般在 55%~65% 之间。由于人造富矿经过焙烧或者烧结高温处理，又称为熟料，其冶炼性能远比天然富矿优越，是现代高炉冶炼的主要原料。天然块矿统称为生料。

本模拟中提供的炼铁原料如下：

（1）Sinters（烧结矿）。点击"Sinter"可进入图 1-3 所示的烧结矿成分设定界面。

烧结矿是指将铁精矿或富矿粉配入一定数量的固体燃料和熔剂，经烧结而成的块状炉料，是炼铁主要的矿石原料。本模拟中烧结矿种类包括 A、B、C、D、E 五类，每类都给出了具体的化学成分，如 Fe_2O_3、SiO_2 及 CaO 等成分含量，及矿料相应的原料成本，操作者可根据自己的冶炼需求对其成分进行修改（建议按照现场实际进行修改，否则不应进行

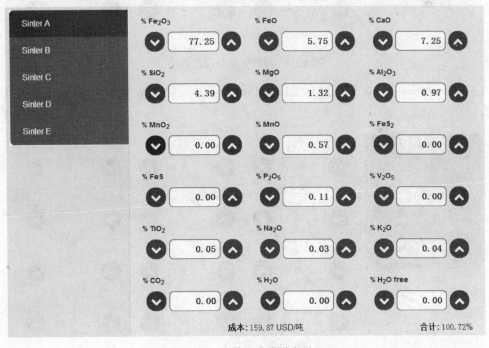

图 1-2　原料成分设定主界面

图 1-3　烧结矿成分设定界面

大的改动）。

（2）球团矿。点击"球团"可进入球团矿成分设定界面，如图 1-4 所示。球团也是矿石原料的一种。先将铁精矿粉加适量的水分和黏结剂制成黏度均匀、具有足够强度的生球，经干燥、预热后在氧化气氛中焙烧，使生球结团，制成球团矿。

在模拟中烧结矿种类也包括 A、B、C、D、E 五类，每类都给出了具体的化学成分及相应的原料成本，与烧结矿一样，操作者可根据自己的冶炼需求对其成分进行修改（建议按照现场实际进行修改，否则不应进行大的改动）。

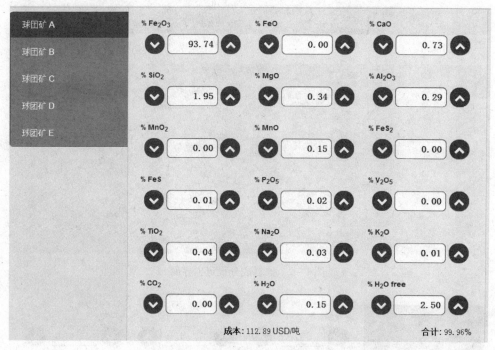

图 1-4　球团矿成分设定界面

（3）LumpOres（块矿）。点击"LumpOre"可进入块矿成分设定界面，如图 1-5 所示。

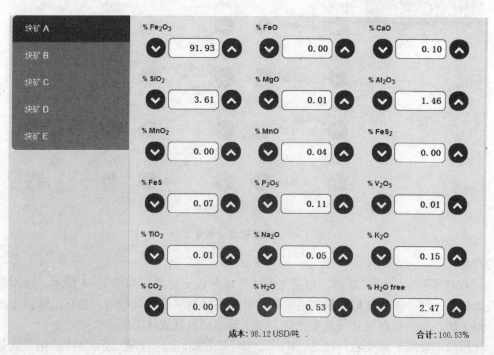

图 1-5　块矿成分设定界面

入炉原料之一的块矿属原生矿，与烧结矿和球团矿相比，更具成本优势，但块矿中的锌、磷、碱金属等有害元素会影响炉况顺行，造成焦比上升、产量下降，进而导致生铁成本增加。目前宝钢等大型钢厂能将块矿比例稳定在23%以上，并保证高炉顺行。

本模拟提供了五种块矿供操作者选择，其原料成本远低于烧结矿和球团矿，提高块矿比例会大大降低炼铁成本。操作者也可根据自己的冶炼需求对其成分进行修改（建议按照现场实际进行修改，否则不应进行大的改动）。

（4）再利用原料。点击"再利用原料"进入到返料成分设定界面。再利用原料通常包括冷热轧返料、炼钢渣、高炉灰等，有五种类型可供选择，其他设定方法与烧结矿及球团矿相同。

（5）coke_and_coal。点击"coke_and_coal"进入焦炭与粉煤成分设定界面，如图1-6所示。

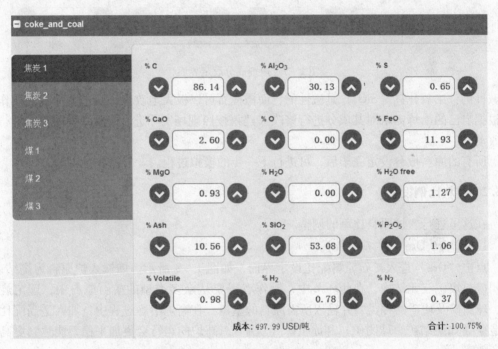

图1-6 焦炭与粉煤成分设定界面

高炉生产过程中，焦炭（coke）和粉煤（coal）是常用的燃料。焦炭是用焦煤在隔绝空气的高温（1000℃）下，进行干馏、炭化而得到的多孔块状产品。高炉冶炼过程总热量的70%~80%是由焦炭和粉煤燃烧提供，焦炭还作为高炉冶炼所需的还原剂，支持料柱、维持炉内透气性的骨架。生产焦炭需用大量昂贵的炼焦煤，所以必须节约使用。从高炉风口喷吹粉煤，可以节省焦炭，降低生产成本。

在本模拟中，提供了三种焦炭及三种粉煤供选择，操作者可根据自己的冶炼需求对其成分进行修改（建议按照现场实际进行修改，否则不应进行大的改动）。

（6）熔剂。点击"熔剂"进入熔剂成分设定界面，如图1-7所示。

熔剂用来降低矿石、脉石和焦炭灰分在造渣时的熔点，以形成易流动的炉渣，并去除硫分，以改善生铁质量。有四种熔剂可供选择，其中，石灰石（CaO）和白云石（MgO）

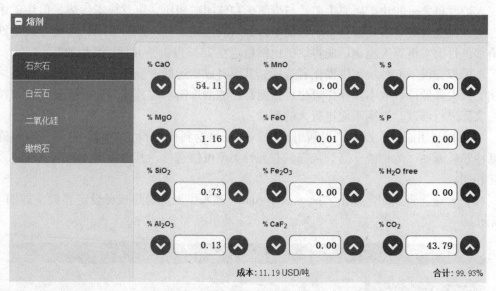

图 1-7　熔剂成分设定界面

是碱性的；二氧化硅（SiO_2）是酸性的，而橄榄石可以极大地改善炉渣的流动性。操作者可根据自己的冶炼需求对其成分进行修改（建议按照现场实际进行修改，否则不应进行大的改动）。

所有的原料成分设定完毕后，可进行下一步的模拟过程。

1.5.2　装料比例设定

在这里进行入炉原料比例的调整。

1.5.2.1　Ore（矿石原料）

点击"Ore"进入矿石原料配比设定界面，如图 1-8 所示。炼铁入炉原料为烧结矿、球团矿、块矿三元结构，在此环节中，操作者需要从众多类型的矿石原料中，选定烧结矿、球团矿及块矿的种类，并输入所需原料的重量。在高炉冶炼过程中，加入适当配比的人造矿（如烧结矿、球团矿）和原生矿（块矿），高炉的运行会更加平稳，能达到更高的生产效率。

各钢铁厂的情况不同和矿源不同决定了其不同的高炉炉料结构。北美高炉以球团矿为主，因为其矿源多为细精矿，适宜生产球团矿。欧盟由于环保要求，烧结厂的生产和建设受到了严格的限制，为进一步改善高炉炼铁指标，充分发挥球团矿在高炉炼铁中优越的冶金性能，因而以球团矿为主。欧美高炉球团矿使用比例一般都较高，个别的高炉达 100%，其中一部分高炉使用熔剂型球团矿，如加拿大 Algoma7 号高炉熔剂球团矿比例达 99%，墨西哥 AHMSA 公司 Monclova 厂 5 号高炉熔剂球团矿比例为 93%，美国 AKSteel 公司 Ashland. KY 厂 Amanda 高炉熔剂球团矿比例为 90% 以上；另一部分高炉以酸性球团矿为主，配比一般在 70% 以上。欧洲的高炉中，瑞典、英国和德国的部分高炉球团矿的比例很高。

亚洲国家的高炉一般以烧结矿为主，高达 70% 左右。日本、韩国高炉以烧结矿为主，因为其主要铁料是国际上购买的粉矿，适宜生产烧结矿。日本高炉炉料结构的特点是烧结矿比例高且一直比较平稳，而球团矿比例自 1979 年以来一直在下降，块矿比一直在上升。

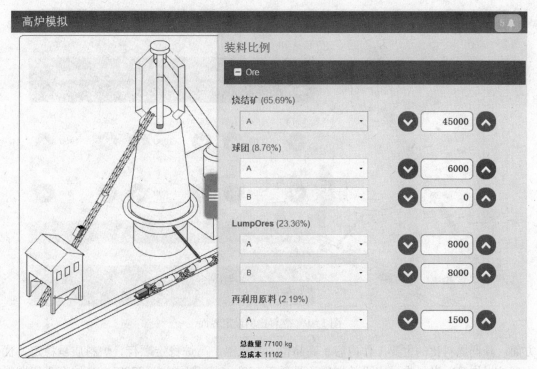

图 1-8 矿石原料配比设定界面

高炉炉料中高碱度烧结矿比例维持在 71.3% ~76.9%，用量一直比较平稳。球团矿比例自 20 世纪 70 年代初至 1979 年达到了高峰，为 14%，此后逐年下降至现在的 10% 以下。典型的如新日铁 4 号高炉的炉料结构，烧结矿占 70%，球团矿占 10%；和歌山 4 号高炉使用 75% ~80% 的烧结矿，巴西块矿占 20%。只有神户制钢神户厂于 1998 年由于烧结机老化停止生产才开始在高炉中采用高比例球团矿的炉料结构，球团矿配比达 70% 以上。韩国浦项光阳厂的高炉炉料结构中，烧结矿为 74%，球团矿为 11.84%。

我国各钢铁厂因情况不同，高炉使用球团矿的比例也很不同。宝钢高炉的铁料来源与日本大多数高炉相似，所以其炉料结构也与日本大多数高炉相似，烧结矿 74.5%，球团矿 8.5%，块矿 17%。

在本模拟中，为了符合生产实际，建议块矿比例在 30% 以下，烧结矿或球团矿的比例根据实际情况自行设定。

1.5.2.2 燃料

点击"燃料"按钮进入燃料设定环节，如图 1-9 所示。

在此环节中，操作者需要调整不同类型的焦炭及粉煤的重量来设定适宜的焦比、煤比及燃料比，焦比及煤比均是高炉炼铁的技术经济指标，即高炉每冶炼一吨合格生铁所耗用焦炭或粉煤的吨数。燃料比即为焦比与煤比的总和，焦比、煤比及燃料比的单位均为 kg/t，努力提高喷煤比是炼铁技术发展方向，有利于节焦，缓解主焦煤的紧张，有效地降低成本，有较好的节能减排效应。企业根据炉料质量不同的条件，要努力提高喷煤比，大高炉的煤比不应低于 150kg/t，争取效益最大化。

努力降低燃料比也是炼铁的重要工作，也是降低生产成本，实现环境友好工作的主要

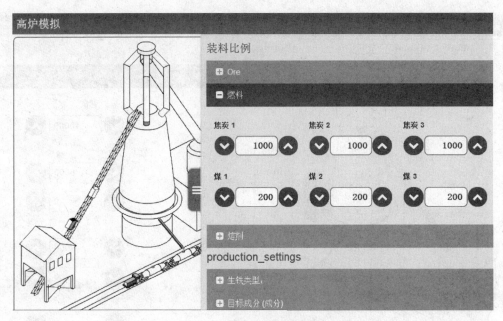

图 1-9　燃料比例设定界面

方面。降低燃料比的主要工作内容：高品位、高风温、高炉稳定顺行，炉料质量稳定，优化高炉操作等。世界先进水平的燃料比是低于 $500kg/t$，我国大于 $3200m^3$ 高炉有 3 座燃料比低于 $500kg/t$，1 座高炉焦比低于 $300kg/t$。

在本模拟中，降低焦比并提高煤比可降低生产成本，但会对下一步的物料及热量平衡产生剧烈波动，需根据矿石原料重量合理调节。

1.5.2.3　熔剂

点击"熔剂"可进入熔剂比例设定界面，如图 1-10 所示。

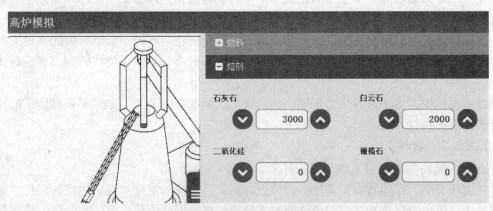

图 1-10　熔剂比例设定界面

熔剂的作用主要是调整高炉渣碱度，以满足模拟要求。

目前，高炉已不再追求高熟料比了，但熟料率不要低于 80%。用高品位块矿可有效提高入炉铁品位，降低造块过程的环境污染；使用高碱度烧结矿后，为调节炉渣碱度，球团矿价格贵，使用球团矿成本高，用块矿调节炉渣碱度是好办法。

1.5.3 生产参数设定（production_settings）

选择好原料的配比之后，下一步就是考虑设定生产参数。

1.5.3.1 生铁类型（图1－11）

在模拟过程中，操作者可以生产两种不同类型的生铁：铸造生铁和炼钢生铁。

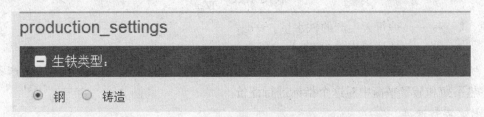

图1－11　生铁类型界面

A　铸造生铁

铸造生铁主要用于铸造厂，通常其硅含量较高，为1.25%~3.6%，而且其碳含量高于3.3%。高硅含量要求高炉内的操作温度要高，所以，铸造生铁的成本通常要高于炼钢生铁。

B　炼钢生铁

这种产品是为炼钢过程生产的，例如碱性氧气转炉（BOS）可生产多种不同的钢种。其硅含量低于铸造生铁，为0.45%~1.25%，而其碳含量为3.5%~5%。

1.5.3.2 目标成分（图1－12）

图1－12　目标成分界面

目标成分主要用于设定目标硅含量及目标炉渣碱度。

生铁硅含量低是高炉操作水平高的体现，铁水硅含量降低0.1%，高炉燃料比可降低4~5kg/t。铁水硅含量低，要求原燃料质量和高炉操作都要稳定，并且炉缸热量要充沛。

1.5.3.3 process_setting（图1－13）

图1－13　process_setting界面

A 工作容积

模拟中，高炉的大小用其工作容积来描述。另外有一些生产指标也要根据高炉的容积来评价，例如焦比、高炉的利用系数等。

高炉的利用系数是一个非常重要的指标，其定义如下：

$$利用系数 = \frac{W_{iron}}{W_{BF}}$$

式中 W_{iron}——高炉每天生产的铁水量，t/d；

W_{BF}——高炉的工作容积，m^3。

所以，高炉的利用系数就是高炉每立方米容积生产的铁水量。根据不同的生产条件，要在热平衡和质量平衡中对这个指标进行评价。

B 装料速度

由于原材料（包括矿石、焦炭和造渣料）是分批加入高炉内的，装料速度被定义为每小时装料的批数。通常的操作中，装料速度为 6～10。这个指标也可以用来计算 PCI 的喷入比例（煤比）。喷煤速度单位为 kg/batch，但有时在文献中也有用 kg/h。要将 kg/batch 转换为 kg/h，可以使用下面的公式：

$$PCI(kg/batch) = \frac{PCI(kg/h)}{装料速度(batch/h)}$$

为了保证模型正常工作，模拟中的每种设定值都有其有效范围。生产设定时，使用表 1-1 的设定范围。

表 1-1　有效参数设定范围

项　目	范　围	说　明
工作容积/m^3	100～10000	
装料速度/batch·h^{-1}	6～10	
生铁中的硅含量/%	0.45～1.25	炼钢生铁
	1.25～3.6	铸造生铁
碱　度	1.0～1.2	生产炼钢生铁
	0.95～1.1	生产铸造生铁

1.5.3.4　温度（图 1-14）

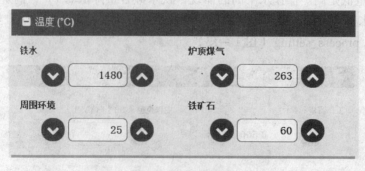

图 1-14　温度界面

模拟中所有温度均为摄氏度（℃），铁水和炉渣温度指炉内温度，而炉顶煤气和矿石温度表示加入炉内时的温度，环境温度则为高炉周围的空气温度。

1.5.3.5 煤气增加（图1-15）

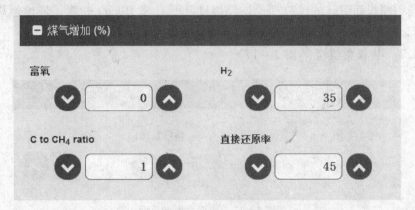

图1-15 煤气增加界面

富氧：在高炉操作中，富氧指增加热风中氧气的量（%）。因此，加入到热风中氧气的量（m^3/m^3）用以下公式计算：

$$w = \frac{f_0}{(\alpha - 0.21)}$$

式中 w——加入到$1m^3$热风中的氧气量，m^3；

α——氧气纯度，在模拟中设定为99.5%。

图1-15中C-CH_4比：与氢反应生成甲烷的碳的百分比称为C-CH_4比，高炉中碳的默认值是1%。

富氧的作用：提高产量（提高富氧1%，产量提高4.79%）；提高炉缸温度，允许提高喷煤比；降低炉腹煤气量；提高煤气热值等。高炉高富氧操作时，不能降低风量，须保持高风速活跃炉缸。

1.5.3.6 热风性能（图1-16）

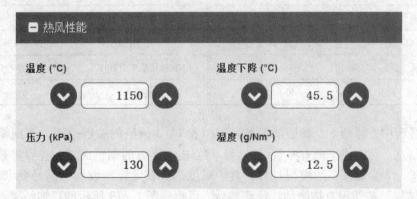

图1-16 热风性能界面

本模拟中，热风温度在炉体外测量。所指的风温下降是测量点和风口前风管的温度差。

风温是廉价的能源，实现高风温（1250℃±50℃），对提高喷煤比，降低燃料比，提高炉缸温度均有好处。在1050℃条件下，风温提高100℃，炉缸理论燃烧温度升高60℃，有力地补偿因喷煤而引起的风口理论燃烧温度降低（喷10kg/t粉煤，理论燃烧温度降低20~35℃），高炉允许多喷煤约35kg/t，可降低燃料比15~20kg/t。

1.5.3.7　热损失模型（图1-17）

图1-17　热损失模型界面

测量高炉热损失非常复杂，因此，要实现热平衡的评价，这种模拟提供了两种不同的方法来估计热损失：（1）自由热损失模型：在此方法中，热损失计算为传入热量和传出热量之间的差值。为了评价能源利用，热损失的比例必须在合理范围内，例如，5%至7%。否则，需要改变计算参数。（2）固定热损失模型：使用这种方法意味着热损失固定到一个假设值，例如，热量传入的7%。为了平衡传入和传出的热量，原料重量或其他操作参数需要进行调整，以减少热量的误差。

以上参数的有效范围如表1-2所示。

表1-2　参数有效范围

项　目	范　围	项　目	范　围
铁　水	1430~1530℃	风　压	0~1000kPa
炉　渣	1450~1560℃	风湿度	0~20g/m³（标态）
炉顶煤气	100~400℃	富　氧	0%~20%
铁　矿	0~300℃	H_2 利用	25%~45%
周围环境	0~50℃	C-CH_4 比	0%~20%
风　温	900~1250℃	直接还原率（Rd）	38%~48%
风温下降	20~150℃	热损失	0%~15%

模拟过程中，原则上，参数的选择需遵循表1-2所给的参数范围，否则模拟过程会提示错误信息。在完成了所有参数设定后，可点击右上方的橘色区域，查看参数设定是否合理，图1-18为需修正的模拟过程，其中碱度、富氧量等参数均不满足要求，需调整。此时的"结果"按钮没有被激活。经调整后，可得到图1-19所示的反馈结果。操作者发现，已无警告信息提示，说明模拟参数的设定是合理的，此时"结果"按钮已激活，可点击查看此次模拟的结果。

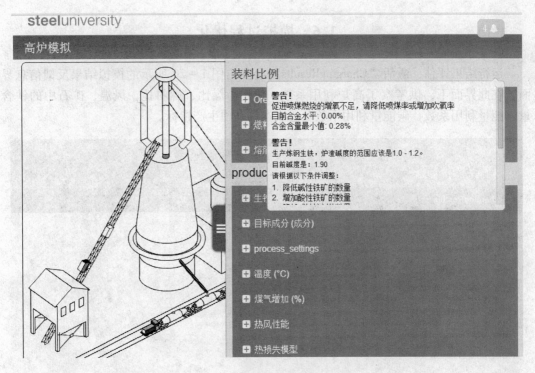

图 1 – 18　需调整的参数设定界面

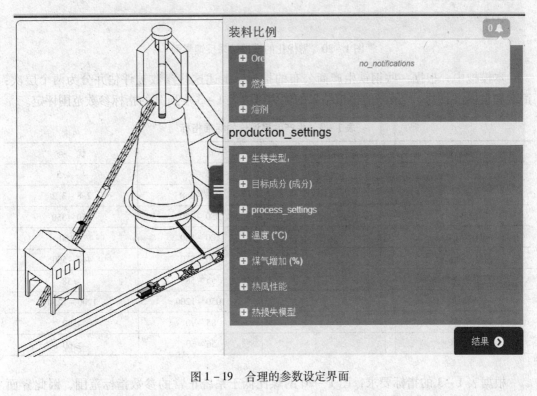

图 1 – 19　合理的参数设定界面

1.6　模拟过程优化

运行结果评估，激活"ChargingResults"会弹出图1-20所示的模拟结果反馈信息界面。在此界面下，供考察了高炉利用系数、焦比、煤比、燃料比、风温、矿石中的铁含量、能量利用系数、碳能量利用系数及总成本共九项生产指标。

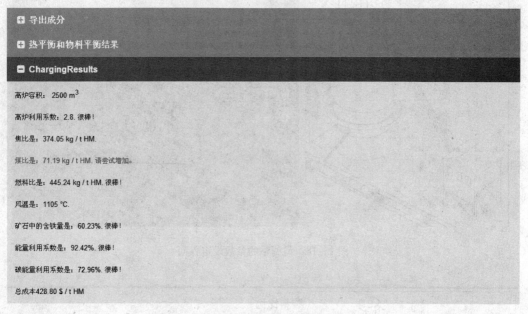

图1-20　需优化的模拟结果反馈界面

本模拟中，根据一些钢铁生产商公布的指标，上述这些参数被评估并分为两个层次：正常和很棒（优秀）。最终的模拟结果的优劣可由表1-3中所列的指标参数范围评定。

表1-3　生产效率评价的标准指标

项　目	容积/m³	正　常	优　秀
利用系数/t・(m³・d)⁻¹	<1000	3~4	4~4.5
	≥1000	2.3~2.8	2.8~3.2
焦比/kg・t⁻¹		350~450	250~350
煤比/kg・t⁻¹		100~160	≥160
燃料比/kg・t⁻¹		500~570	440~500
矿石中的铁含量/%		55~58	≥58
热风温度/℃		1050~1200	1200~1250
K_t/%		85~90	≥90
K_c/%		56~60	≥60

根据表1-3的指标要求，图1-20的煤比低于系统正常的参数指标范围，因此界面上出现红色警告信息，说明操作者此次模拟过程存在缺陷，此时应点击"back"按钮，重

新回到参数设定界面，按系统提示对参数加以校正，如本例中提示"增加煤比"，要求操作者在设定燃料比例时增加粉煤喷吹比例。调整完成后，再运行结果评估，如果出现图1－21 显示的界面，说明此次模拟炼铁结果的反馈指标满足了系统要求，此次模拟炼铁过程是有效的。

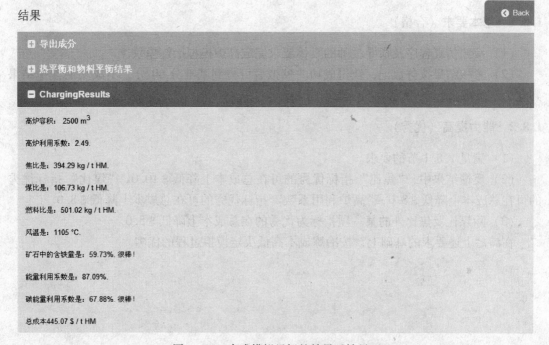

图1－21　完成模拟目标的结果反馈界面

注意，尽管图1－21 显示此时模拟过程有效，但并不表示此次模拟过程是最优过程，多项生产指标并没有达到最优化，总成本也可能不是最低的。操作者仍可以点击"back"按钮，重新回到参数设定界面，继续优化操作者的参数设定，直到模拟生产指标最优为止。降低生产成本的主要措施主要有降低矿石原料成本、提高高炉利用系数、降低焦比、提高煤比等，可结合所学冶金理论知识加以优化。

1.7　高炉模拟冶炼实例

本流程指导仅提示基本操作步骤，未考虑成本因素，用户需要在熟悉操作流程后，通过自己的思考来设计更优化的参数以达到降低成本的目的。

基本设定如下：

（1）在"装料比例"中的"Ore"设定环节，选择"烧结矿 B"43600kg，"球团矿B"6000kg，"块矿 A"和"块矿 B"分别6000kg，其他矿石原料设定均为零。

（2）在"装料比例"中的"燃料"设定环节，选择"焦炭 2"15500kg，"煤 2"3850kg，其他燃料设定均为零。

（3）在"装料比例"中的"熔剂"设定环节，选择"焦炭 2"1200kg，"二氧化硅"700kg，其他熔剂设定均为零。

（4）在"production_settings"中的"煤气增加"设定环节将富氧率设为5%。

（5）除了以上特殊说明外，其他设定均为系统默认设定。

1.8　成绩考核及评分标准

1.8.1　基本要求（合格）

（1）按照仿真程序及指导教师的具体要求完成高炉模拟冶炼模块。

（2）考核结果按分数记，获得成功的模拟后可得到基准分60分，不成功的模拟结果判定为不及格。

1.8.2　能力提高（优秀）

（1）满足1.8.1节的要求。

（2）反馈结果中，"焦比"指标优秀的可在总成本上降低＄10.0，"煤比"指标优秀的可在总成本上降低＄8.0，"高炉利用系数"指标优秀的可在总成本上降低＄8.0。

（3）除煤比及焦比外的某一项指标为优秀的在总成本上降低＄5.0。

在满足上述要求的基础上，按冶炼成本高低决定模拟过程的优劣。

2 转炉炼钢模拟冶炼

2.1 转炉炼钢介绍

图 2 - 1 为现代钢铁冶金的典型流程，其中，转炉炼钢（converter steelmaking）是以铁水、废钢、铁合金为主要原料，不借助外加能源，靠铁液本身的物理热和铁液组分间化学反应产生热量而在转炉中完成炼钢过程。转炉按耐火材料分为酸性和碱性，按气体吹入炉内的部位有顶吹、底吹和侧吹；按气体种类分为空气转炉和氧气转炉。碱性氧气炼钢是一种通过氧枪向转炉内已经熔化的生铁吹入氧气从而将生铁水转化为钢水的主要炼钢工艺。炼钢使用的转炉因吹氧期间氧化产生的大量热能而被称为碱性氧气转炉。氧气顶吹和顶底复吹转炉由于生产速度快、产量大，单炉产量高、成本低、投资少，为目前使用最普遍的炼钢设备。

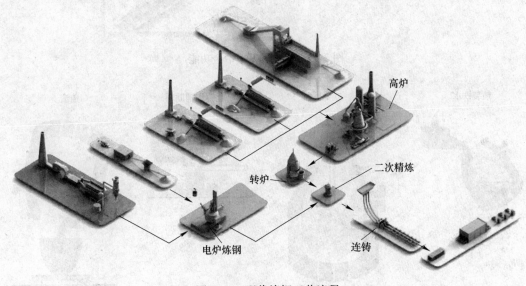

图 2 - 1 现代炼钢工艺流程

如图 2 - 2 所示，碱性氧气转炉炼钢的主要功能是：

（1）对钢水进行脱碳和脱磷处理。

（2）优化钢液的温度，从而使浇注前的任何后继处理工序基本无需再加热或冷却。如图 2 - 3 所示，转炉炼钢的基本步骤为：

1）热装铁水。首先在 BOS 转炉中装入废钢，作为冷却剂。装入废钢后，从钢包往转炉中注入三到四倍的铁水。

2）吹氧。装入后，通过氧枪向炉中吹氧。氧气与杂质元素——碳、硅、锰和磷等发生放热反应。大部分碳变为二氧化碳，其他元素则变为钢渣而被脱去。

3）辅料添加及出钢。吹氧持续数分钟且加入必要的辅助料后，工艺完成，转炉就可以出钢了。钢水从出钢口导入钢包中，与较轻的炉渣分离。

4）造渣。钢水倒入钢包，与较轻的炉渣分离。

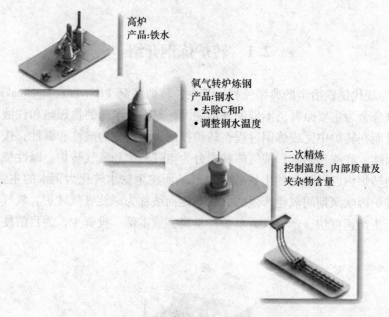

图 2-2 BOS 的基本冶金功能

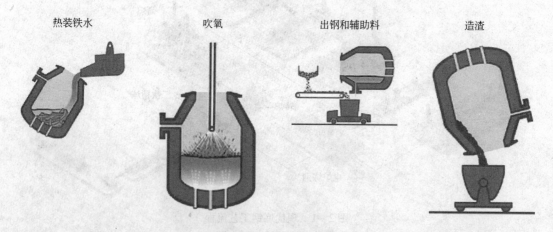

图 2-3 转炉冶炼流程

转炉炉体如图 2-4 所示。转炉炉体由一个内衬为耐火砖（镁砂或白云石）的钢壳构成，由配有耳轴的坚固托圈提供支撑，耳轴的轴则由倾动系统驱动。为了容纳吹氧时引起的大量铁水喷溅以及炉渣发泡期间产生的膨胀，炉体的内部容积为待处理钢液的 7～12 倍。

图 2-5 所示的是一个典型的转炉几何形状，其中包括炉口（N）、氧枪（L）、耳轴带

（B）、耳轴（T）、倾动机构（M）、出钢口（H）。

一般冶炼能力为 200～300t 钢液，出钢间隔周期大约为 30min，其中纯吹氧时间约为 15min。

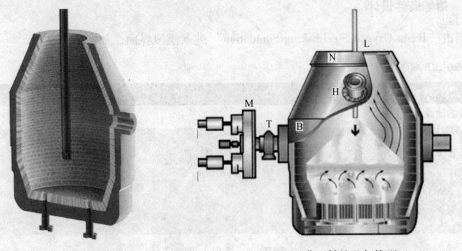

图 2-4　转炉炉体　　　　　图 2-5　典型转炉几何构型

2.2　模拟冶炼目的

本模块为碱性氧气炼钢（BOS）工艺，目的是将高炉中的铁水冶炼成原钢液，供二次炼钢车间进行后继精炼。实习中学生应紧紧围绕转炉炼钢仿真模拟冶炼任务，进一步综合强化在理论课程中所学习的基础理论、基本知识和基本技能，通过钢铁大学网站下的转炉炼钢进行模拟操作（http：//www. steeluniversity. org/），冶炼出成分和温度合格的钢水，并满足其他各项技术经济指标的要求。

2.3　模拟冶炼任务

（1）模拟前下载学习转炉炼钢用户模拟指南，熟悉模拟过程中如何选择、设置各种数据、参数；

（2）进行网站下转炉模拟操作，成功模拟产生的反馈结果将作为成绩评判的依据。

2.4　模拟的目标

在这次模拟中，学生将作为负责转炉操作的冶金专家，制定冶炼计划，决定入炉废钢、添加料和铁水重量，以达到所选钢种的目标成分，并通过模拟操作，向熔池供氧和加入必要的辅助料来处理铁水，在规定的时间内将成分和温度合格的钢水倒入钢包内。吹炼结果依据吹炼时间、吹炼成本、钢液成分三项指标来评定。在整个操作过程中，应尽量降低成本。

2.5 模拟操作过程

2.5.1 冶炼条件设计

点击"Basic Oxygen Steelmaking Simulation"进入模拟界面，如图2-6所示。

steeluniversity

碱性氧气转炉炼钢	
模拟的设置	用户指南
➕ 用户的水平	Step 1
➕ 钢种	Step 2
➕ 材质	Step 3
➕ 设置	Step 4
➕ 概要	Step 5

图2-6 模拟主界面

模拟的设置包括：

（1）用户水平（Step 1，图2-7）。模拟供两组不同用户使用，在大学生水平下模拟，用户应会使用相关热力学和动力学理论科学方法解决问题，选择不同的处理方案。例如，用户应当进行全面的热量和质量平衡计算，决定废钢和造渣剂的数量以及必要的氧气总体积。在此水平，未融化的固体（如：废钢和铁矿石）对用户都可见。在钢厂熟练工人水平下，用户同样能够用科学方法解决问题，但是，用户必须借助于系统有限的帮助完成模拟。例如，在此水平，未融化的固体不可见。

➖ 用户的水平	Step 1
◉ 大学生	ⓘ
◉ 钢厂熟练工人	

图2-7 Step 1 界面

（2）钢种（Step 2，图2-8）。模拟包括了许多不同的钢种，可以模拟不同冶炼过程。

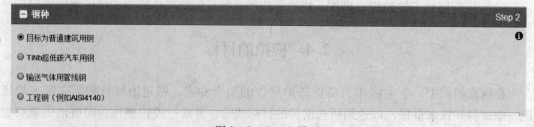

➖ 钢种	Step 2
◉ 目标为普通建筑用钢	ⓘ
◯ TiND超低碳汽车用钢	
◯ 输送气体用管线钢	
◯ 工程钢（例如AISI4140）	

图2-8 Step 2 界面

1）普通的建筑用钢是要求不高的钢种，工艺简单，主要任务是确保碳含量在0.1% ~0.16%。

2）TiNb 超低碳钢用做车体材料，为优化其可塑性，碳含量需小于 0.01%。首要任务是吹炼终点温度的控制，在保持下限温度的同时以确保较低的目标含量。

3）输送气体用的管线钢对强度和抗裂要求高，因此需要很低水平的夹杂物和杂质含量（S、P、H、O、N）。

4）工程用钢是热处理低合金钢并具有较高的碳含量。选择正确的起始温度是获得目标温度同时保持碳含量在 0.30% ~ 0.45% 的重要保障。

（3）材质（Step 3，图 2 - 9）。原料选择界面如图 2 - 9 所示，在这里可设置铁水、废钢及其他原料的重量，也可对铁水温度和搅拌氮气的流量进行调整。操作者需要根据冶炼的目标钢种设定合适的铁水、废钢、铁矿石及渣料的配比以达到调整钢液温度、调整钢液成分、改变渣成分以及改变渣性能的目的。注意，在本模拟中，配入原料的总重量不能超过 300t。

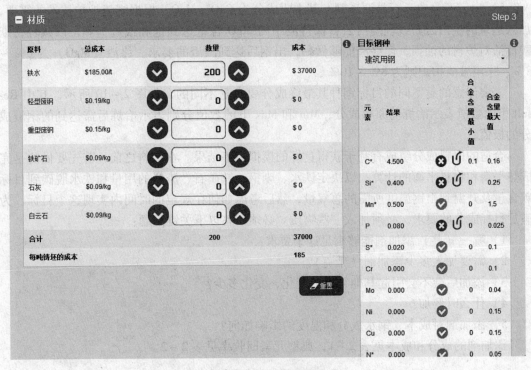

图 2 - 9 原料选择界面

炼钢原材料是炼钢的基础，炼钢原材料质量的好坏对炼钢工艺和钢的质量有直接影响。氧气转炉炼钢用主原料为铁水和废钢。炼钢用辅原料通常指造渣剂（石灰、萤石、白云石）、冷却剂（铁矿石、氧化铁皮）、增碳剂以及氧气、氮气、氩气等。

1）铁水。转炉炼钢的主原料，一般占装入量的 70% 以上。铁水的物理热与化学热是氧气顶吹转炉炼钢的基本热源。因此，对入炉铁水温度和化学成分必须有一定要求。本模拟中，铁水的最大加入量为 300t。

2）废钢。废钢是电弧炉炼钢的基本原料，用量约 70% ~ 90%；对氧气顶吹转炉炼钢，既是主原料之一，也是冷却效果稳定的冷却剂，通常占装入量的 30% 以下，适当地增加废钢比，可以降低转炉钢消耗和成本。本模拟中，每种废钢（重废钢、轻废钢）的最大装入量为 20t。

3）铁矿石。铁矿石主要成分为 Fe_2O_3 和 Fe_3O_4。铁矿石在熔化后铁被还原，过程吸收热量，因而能起到调节熔池温度的作用。但铁矿石带入脉石增加石灰消耗和渣量，同时一次加入量不能过多，否则会产生喷溅。铁矿石的冷却效应高，加入时不占用冶炼时间，调节方便，可降低钢铁料消耗。铁矿石还能起到氧化作用。

4）石灰。石灰是碱性炼钢方法基本的造渣材料。它是由石灰石煅烧而成，有强的脱 P、S 能力，不危害炉衬。碱度指渣中碱性氧化物与酸性氧化物之比，一般为 2.5 ~ 4.0，高 [S]、[P] 铁水控制在 3.5 ~ 4.0，吨钢石灰消耗 70 ~ 80kg。

炉渣氧化性用 $\sum w(FeO)$ 表示，氧化性高利于成渣脱 P，但降低金属回收率。一般初期高，终点约为 15%，[C]、[P] 要求高时，控制在 20% ~ 25%。

造渣时渣料分批加入，开吹时加入 1/2 ~ 1/3，其余分批加入。

5）白云石。白云石是调渣剂，其主要成分为 CaO、MgO。根据溅渣护炉技术的需要，加入适量的生白云石或轻烧白云石保持渣中的 MgO 含量达到饱和或过饱和，以减轻初期酸性渣对炉衬的蚀损，使终渣能够做黏，出钢后达到溅渣的要求。终渣（MgO）为 6% ~ 8%，采用溅渣护炉则为 8% ~ 10%。

需要注意的是不同的目标钢种其最终成分要求是不同的，如图 2 - 10 所示，其中 Result 下的数值表示冶炼前原料成分，Min 和 Max 下的数值分别表示冶炼后需达到的钢液成分的极值。

合适的原料成分组成有利于获得良好的模拟冶炼结果。在加料之前，首先要做的是完成热平衡和物料平衡的计算，以决定铁水、废钢、铁矿石、渣料的用量和铁水脱碳到目标碳含量及升温到出钢温度所需的总氧量，然后考虑如何在规定的时间内实现这个目标。为满足目标成分的要求，必须加入一些物质。必须回答以下关键问题：

1）哪一（些）添加剂能够满足这个要求？

2）需要加入多少添加剂（千克）？

3）添加后会不会引起其他元素的变化，变化多少？

4）什么时候加？

5）添加剂对成本、钢水成分和温度的影响如何？

添加剂的成分和成本见表 2 - 1，典型元素回收率见表 2 - 2。

表 2 - 1　添加剂成分和成本

添加剂种类	成　　　分	每吨成本
铁　水	4.5% C，0.5% Mn，0.4% Si，0.08% P，0.02% S + Fe bal	$185
轻型废钢	0.05% C，0.12% Mn，0.015% P，0.015% S，0.06% O，0.003% Ce，0.26% Cr，0.02% Cu，0.14% Mo，0.001% Nb，0.4% Ni，0.001% Sn，0.015% Ti，0.005% V，0.009% W + Fe bal	$190
重型废钢	0.05% C，0.12% Mn，0.015% P，0.015% S，0.06% O，0.003% Ce，0.26% Cr，0.02% Cu，0.14% Mo，0.001% Nb，0.4% Ni，0.001% Sn，0.015% Ti，0.005% V，0.009% W + Fe bal	$150
铁矿石	99.1% FeO，0.3% Al₂O₃，0.5% CaO，0.1% MgO，0.001% P	$85
石　灰	94.9% CaO，1.2% Al₂O₃，1.8% MgO，2.1% SiO₂	$85
白云石	59.5% CaO，38.5% MgO，2% SiO₂	$85

目标钢种

超低碳钢

Element	Result	Min	Max
C*	4.500	0	0.01
Si*	0.400	0	0.25
Mn*	0.500	0	0.85
P	0.080	0	0.075
S*	0.020	0	0.05
Cr	0	0	0.05
Mo	0	0	0.01
Ni	0	0	0.08
Cu	0	0	0.08
N*	0	0	0
Nb	0	0	0.03
Ti	0	0	0.035

目标钢种

管线钢

Element	Result	Min	Max
C*	4.500	0	0.08
Si*	0.400	0	0.23
Mn*	0.500	0	1.1
P	0.080	0	0.008
S*	0.020	0	0.01
Cr	0	0	0.06
Mo	0	0	0.01
Ni	0	0	0.05
Cu	0	0	0.06
N*	0	0	0
Nb	0	0	0.018
Ti	0	0	0.01

目标钢种

工程用钢

Element	Result	Min	Max
C*	4.500	0.3	0.45
Si*	0.400	0	0.4
Mn*	0.500	0	0.9
P	0.080	0	0.035
S*	0.020	0	0.08
Cr	0	0	1.2
Mo	0	0	0.3
Ni	0	0	0.3
Cu	0	0	0.35
N*	0	0	0
Nb	0	0	0
Ti	0	0	0

目标钢种

建筑用钢

Element	Result	Min	Max
C*	4.500	0.1	0.16
Si*	0.400	0	0.25
Mn*	0.500	0	1.5
P	0.080	0	0.025
S*	0.020	0	0.1
Cr	0	0	0.1
Mo	0	0	0.04
Ni	0	0	0.15
Cu	0	0	0.15
N*	0	0	0
Nb	0	0	0.05
Ti	0	0	0.01

图 2-10　不同目标钢种的成分要求

表 2-2　典型元素回收率　　　　　　　　　　　　　　（%）

元　素	C	Si	Mn	P	S	Cr	Al	B	Ni
回收率	95	98	95	98	80	99	90	100	100
元　素	Nb	Ti	V	Mo	Ca	N	H	O	Ar
回收率	100	90	100	100	15	40	100	100	100
元　素	As	Ce	Co	Cu	Mg	Pb	Sn	W	Zn
回收率	100	100	100	100	100	100	100	100	100

本书提供一个基本的加入量原则：

针对本模拟中可装250t铁水的转炉，加入其他辅料，总装炉量约为300t。以此为计算依据，原料加入量如下：

　　1）铁水：250000kg。

　　2）废钢：占铁水的4%，250000×4%＝10000kg，所以废钢加入量为10000kg。

　　3）铁矿石：2.966%×300000＝8903kg，所以铁矿石加入量为8900kg。

　　4）石灰：4.343%×300000＝13259kg，所以石灰加入量为13250kg。

　　5）白云石：占铁水的2%，250000×2%＝5000kg，所以白云石加入量为5000kg。

　　得到加入量初始数据，分别为：铁水250000kg，废钢10000kg，铁矿石8900kg，石灰13250kg，白云石5000kg。

　　此数据仅为参考数据，冶炼不同的钢种，或为了提高冶炼钢种质量，降低生产成本，还需调节原料的加入量。例如，石灰的加入量公式如下：

$$W = \frac{2.14 \times w[\mathrm{Si}]}{w(\mathrm{CaO}) - R \times w(\mathrm{SiO_2})} \times R \times 1000$$

式中　W——吨钢石灰添加量，kg/t；

　$w[\mathrm{Si}]$——铁水中硅的质量分数；

$w(\mathrm{CaO})$——石灰中CaO的质量分数；

$w(\mathrm{SiO_2})$——石灰中$\mathrm{SiO_2}$的质量分数；

　R——渣碱度，视钢厂生产实际而定。

　　（4）设置（Step 4，图2-11）。铁水温度的高低是带入转炉物理热多少的标志，铁水物理热约占转炉热收入的50%。较高的铁水温度，不仅能保证转炉吹炼顺利进行，同时还能增加废钢的配加量，降低生产成本。因此，希望铁水的温度尽量高些，一般应保证入炉时仍在1250～1300℃以上。另外，还希望铁水温度相对稳定，以利于冶炼操作和生产调度。本模拟中，铁水温度范围为1200～1400℃。

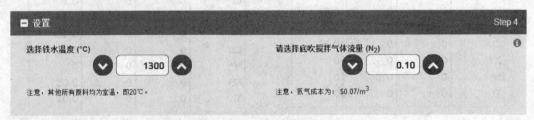

图2-11　Step 4界面

　　不同的目标钢种对钢液的最终温度要求是不同的，如表2-3所示。

表2-3　目标钢种温度要求　　　　　　　　　　　　　（℃）

钢　种	最小值	最大值
CON	1630	1660
ULC	1665	1695
LPS	1655	1685
ENG	1655	1685

　　想在冶炼终点时，在碳含量满足冶炼要求的同时，出钢温度也符合冶炼要求，必须考虑各种添加剂对钢水温度的影响，注意事项有：

1）在没有搅拌没有吹氧的状态下，钢水温度每分钟大约降1~2℃。

2）对大部分添加剂来说，每加1t会使钢水温度降低5℃左右。

3）磷和硅的氧化反应是强放热反应，每吨铁水每含0.1%上述元素就会使1t钢产生26MJ的热量，相当于每吨钢升温3℃。

4）碳的氧化也是放热反应，每含0.1%的碳会使每吨钢产生大约13MJ的热量，相当于每吨钢大约升温1.4℃。

5）增加每吨铁水或钢水温度分别需要9.0MJ和9.4MJ的热量。

通过仔细地计算从加料到出钢的时间，可以估算温度随时间的变化曲线，以设定合适的铁水温度及添加剂量。

增加底部供气，可加强熔池搅拌（特别是吹炼末期），使熔池更加均匀。在钢厂中有大量的便宜的氮气可用。对于炼钢过程，氮基本上可看作惰性气体，是应用最广泛的底吹气体。本模拟中，氮气流量可在 $0 \sim 0.15 m^3$（标态）范围内调节，成本为 \$0.07/m³（标态）。

（5）概要（Step 5，图2-12）。操作者可以查看操作者的冶炼条件设置，包括原料（铁水、废钢、铁矿石、石灰等）配比、铁水温度设定、搅拌气体流量设定，以及设定后初始钢液的成分以及目标钢液成分，其中，↺表明元素含量过高，在此过程中必须移除/减少；↺表明元素含量过低，在此过程中必须添加。

图2-12 Step 5界面

所有信息确定无误后，可点击开始模拟按钮进行下一步模拟操作。

2.5.2 模拟过程控制

模拟炼钢界面如图2-13所示。

在模拟开始，动画显示最初加入炉内的废钢和熔剂如石灰和白云石（依据用户选择而定）。固体料加入完毕，将铁水罐中的铁水兑入转炉内冶炼，冶炼完毕将钢水出至钢包中，随着总结画面的出现，表示模拟结束。在模拟冶炼过程中可进行如下操作：

（1）模拟速度。模拟速度可以在 1~32 倍之间选择，在模拟过程的任一时刻都可改

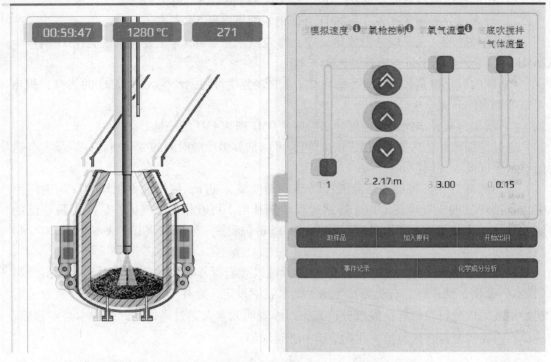

图 2-13 主模拟屏幕

变。然而，当有重要事故发生时模拟速度自动调到 1。

（2）氧枪控制。上下方向箭头按钮用于氧枪上下移动。上方向双箭头用于完全缩回氧枪。橘色上三角表明氧枪高于理想位置，在此位置，产生发泡炉渣。绿圈表明氧枪在最优位置区间，在此位置，炉渣发泡稳定。橘色下三角表明氧枪低于理想位置，在此位置，炉渣发泡减少，易喷溅。红色下三角表明氧枪低于理想位置，在此位置，炉渣发泡快速减少，易喷溅。

（3）氧气流量。在模拟阶段，氧气流量可在 $0 \sim 3m^3$（标态）范围内任意可调。

此外，还可通过按屏幕左下角菜单中相关键进行如下操作：

（1）加入原料（图 2-14）。在冶炼期间，可向熔池中加入铁矿石、石灰和白云石。将光标放在左侧原料上就会弹出此原料成分。每一种料可通过控制上下按钮来选取料量，料的单位成本和总成本都会显示出来。原料加入后钢液成分不会立刻变化，原料的溶解需要一定的时间。原料在高温和良好搅拌下溶解速度快而低温和无搅拌下溶解速度慢。

（2）查看事件记录（图 2-15）。整个过程的事件记录记录了每步的操作，包括加料，并且记录了操作者在模拟过程中的全部操作，也可以帮助操作者在模拟结束后分析结果，为模拟操作的成功与失败提供线索。

（3）化学成分分析。模拟期间按下化学成分分析按钮，操作者就会得到最新的钢水成分。此操作不计算成本。当然，钢液的成分是变化的，如果要获得新的成分，请按"取新样"按钮。此化学分析需要消耗 \$120，其中 \$40 是成分分析，\$80 是副枪消耗。分析结果 3min 后得到，如果模拟速度是 8 倍，则需 22s。在对话框的下方显示取样后的时间。操作者一定要记住取样后钢液的成分会发生变化。

（4）出钢。当钢液成分及温度均符合冶炼要求后，可按出钢键倒出钢水，结束模拟过程。

图 2-14　加入原料界面

事件记录

```
00.00.00 选择用户水平：大学生
00.00.00 所选的钢号：建筑用钢
00.00.00 添加剂：200000 kg 铁水; 20000 kg 轻型废钢; 20000 kg 重型废钢; 5000 kg 铁矿石; 2000 kg 石灰; 1000 kg 白云石
00.00.00 铁水温度：1400 °C
00.00.00 氮气流量：0.15 Nm³/min/tonne
00.24.08 请求分析
```

图 2-15　事件记录界面

在冶炼过程中也可切换到如图 2-16 所示的界面。

在此界面可查看的信息有：

（1）即时钢液成分。钢液成分碳、硅、锰、磷元素含量随时间的变化图。此信息对添加何种物料、什么时候加是至关重要的。

（2）即时碳含量。熔解路径是有关碳含量、温度和时间的结构图。每一点表示 1min，温度和碳含量可通过 X 轴和 Y 轴读出。

（3）即时渣成分。显示渣成分随时间的变化图。图中显示的氧化物有 CaO、FeO_x、MnO、MgO 和 SiO_2。通过此图决定渣料的种类及加入的时间。也可以通过渣中 FeO_x 含量选择最佳的吹氧模式。

要想控制好钢液成分及渣成分，需了解钢液成分及渣成分在冶炼过程中的变化规律。各元素的氧化规律如图 2-17 所示。

（1）钢液中各元素成分变化规律。

1）硅、锰变化。吹炼一开始 Si、Mn 即被迅速氧化到很低含量，继续吹炼下再氧化，而锰在吹炼后期稍有回升。

$$[Si] + \{O_2\} = (SiO_2)$$
$$[Si] + 2(FeO) = (SiO_2) + 2[Fe]$$
$$2[Mn] + \{O_2\} = 2(MnO)$$
$$[Mn] + (FeO) = (MnO) + [Fe]$$

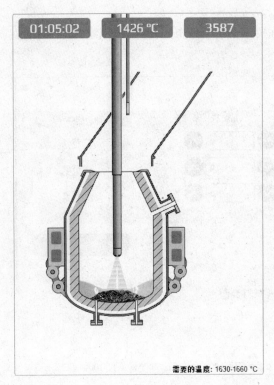
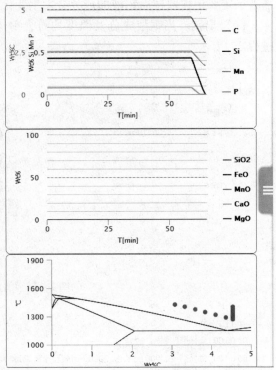

图 2 - 16　冶炼界面

氧化反应

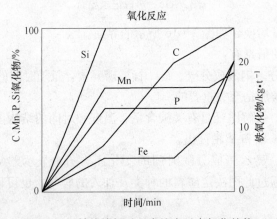

图 2 - 17　转炉炼钢过程中炉内元素氧化趋势

2）磷的变化。磷和锰的变化相似，在硅氧化期是急剧下降的，进入激烈脱碳后期，不再降低，而有回升趋势，直到吹炼末期再度下降。

$$4/5[P] + \{O_2\} = 2/5(P_2O_5)$$

$$2/5[P] + [O] = 1/5(P_2O_5)$$

3）硫的变化。硫在硅氧化期和激烈脱碳期变化不大，进入吹炼末期脱硫才开始活跃。

$$[S] + 2[O] = \{SO_2\} \quad （气化脱硫）$$

$$[FeS] + (CaO) = (CaS) + (FeO)$$

由于转炉内的氧化性环境不适合脱硫，在进行管线钢的模拟冶炼过程中，将硫含量降低到 0.001% 以下是不实际的，降低到 0.002% 以下即可。

4）碳的变化。Si、Mn 被氧化的同时，碳仅被少量氧化，当 Si、Mn 氧化基本结束后，炉温达到 1450℃ 以上时，碳的氧化速度迅速提高。在吹炼末期当熔池中碳含量小于 0.8% 时，脱碳速度大大降低，而碳的扩散就成了反应的限制环节。此时期的脱碳方程为（余下氧与铁发生反应）：

$$\Delta w(C)_\% = \frac{V_{O_2}}{0.98 + \frac{0.15}{w^2(C)_\%}}$$

式中 $\Delta w(C)_\%$ ——碳的变化量；

  $w(C)_\%$ ——当前碳含量；

  V_{O_2} ——氧量，m^3/t。

因此，在冶炼超低碳钢时，在冶炼末期渣中氧化铁的含量急剧上升，甚至可达到 80% 以上。

碳氧反应式如下：

$$2[C] + \{O_2\} =\!=\!= 2\{CO\}$$
$$[C] + (FeO) =\!=\!= \{CO\} + [Fe]$$
$$[C] + [O] =\!=\!= \{CO\}$$

在碳氧反应中除了与渣中 FeO 的反应是吸热外，都是放热反应。

（2）渣成分变化规律。吹炼前期，在一般铁水温度下，硅最易和氧结合，其次是锰，因而在开吹后不久熔池中的硅已氧化完全，锰也氧化到了很低含量。由于硅、锰的氧化，初期渣中 SiO_2、MnO 含量较高，炉渣碱度较低；铁的氧化和废钢带入的铁锈等使初期渣中的（ΣFeO）含量上升。随着加入的石灰逐渐熔化，渣中（CaO）含量不断上升，而硅已完全氧化，渣中 SiO_2 含量相应降低，所以炉渣碱度逐渐升高。

吹炼中期，硅、锰氧化后随着熔池温度的升高，碳被大量氧化，渣中（ΣFeO）含量逐渐降低，随着石灰的不断加入，炉渣中（CaO）含量继续上升，碱度增大。

吹炼末期，脱碳速度减小，由于铁的氧化，此时渣中（ΣFeO）含量又急剧增加。由于熔池温度很高，石灰熔解的多，炉渣碱度高，流动性也很好，钢液中的锰、磷再次被氧化而含量下降。

2.6 模拟结果反馈

一旦出完钢，模拟就结束。点击成本分解界面，会出现如图 2-18 所示的界面信息。

此炉次的模拟结果，包括总的成本（$/吨）一起显示出来。其中对号表示该项模拟结果满足冶炼要求，叉号表示该项模拟结果不合格，各项指标均合格，说明冶炼成功。点击查看分析选项可分别显示最终钢液成分和终渣成分，如图 2-19 及图 2-20 所示。不同的原料配比选择特别是造渣料的选择对最终钢液成分和终渣成分的影响十分显著。在最后的考核过程中，指导老师会结合工业生产实际对渣成分和钢液成分有所要求，在这里需要注意。

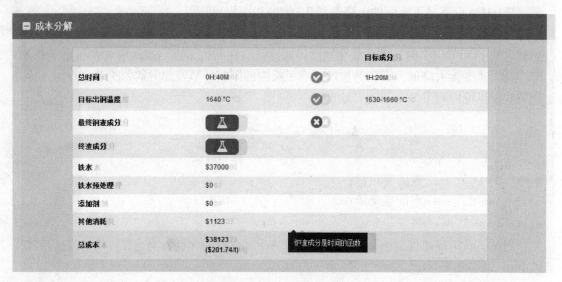

图 2-18 模拟结果显示界面

最终钢液成分(质量分数)/%

元素	目前合金水平		合金含量最小值	合金含量最大值
C*	0.09677	✗	0.1000	0.1600
Si*	0.00058	✓		0.2500
Mn*	0.35511	✓		1.5000
P	0.00113	✓		0.0250
S*	0.02176	✓		0.1000
Cr		✓		0.1000
Al*				
B				
Ni		✓		0.1500
Nb		✓		0.0500
Ti		✓		0.0100
V		✓		0.0100
Mo		✓		0.0400
Ca				
N*		✓		0.0500

图 2-19 最终钢液成分界面

终渣成分

氧化物:	Al2O3	CaO	Cr2O3	FeO	MgO	MnO	SiO2	P	S
含量:	0.0	5.2	0.0	45.0	1.1	8.2	37.8	2.7356	0.0000

图 2-20 终渣成分界面

2.7 转炉模拟冶炼实例

本指导书仅提示基本操作步骤，未考虑成本因素，用户需要在熟悉操作流程后，通过自己的思考来设计更优化的参数以达到降低成本的目的。

以管线钢为例：

（1）选择"大学生水平"，进入下一屏。选择"管线钢"，进入下一屏。

（2）加料步骤：铁水 260t，轻废钢 11000kg，重废钢 7000kg，铁矿石 9000kg，石灰 4800kg，白云石 7900kg，进入下一屏。

（3）加料时间约30s，模拟开始后，模拟速度可以调节。

（4）降低氧枪至与钢液面距离 2.4m 左右。

（5）增加吹氧速度至每分钟 $3.0m^3$（标态），泡沫渣产生。

（6）当泡沫渣占转炉容积一半时，小心调节氧枪高度，维持泡沫渣稳定。

（7）查看碳含量及渣成分、温度随时间的变化。关闭对话框继续。

（8）关注吹氧速度和所要求的温度范围。氧气达 $14500m^3$（标态）之后，吹氧完成。停止吹氧。

（9）移出氧枪，点击钢包右边箭头出钢。

（10）超标的硫将在随后的二次精炼中被去除。

2.8 转炉炼钢基本原理测试

（1）**Which of the following is the primary objective of the Basic Oxygen Steelmaking Process**？

1）Remove C and P content from the bath.

2）Heat and melt the metal charge.

3）Remove inclusions from steel bath.

（2）**Which of the following processes comes follows BOS**？

1）Blast Frunace.

2）Secondary Steelmaking.

3）Reheating Furnace.

（3）**How is the steel temperature raised during the BOS process**？

1）By heating the external walls of the vessel.

2）By the exothermic oxidation reactions.

3）By using graphite electrodes in the charge.

（4）**Which is the average temperature of the metal bath in the BOS vessel**？

1）870℃.   2）1400℃.   3）1650℃.

（5）**How are the oxides elements treated in the BOS process**？

1）They are all converted to gas and removed as fumes.

2）They are transferred to slag and removed with it.

3）They are deposited in the vessel's wall lining.

（6）How is oxygen introduced to the BOS vessel?

1）Through a top or bottom blown lance.

2）Through porous plugs, mixed with stirring gas.

3）Through holes distributed along the walls of the vessel.

（7）When does the oxygen blowing take place in the BOS process?

1）After the scrap and metal charge is completed.

2）Once additions are finished and before tapping.

3）When the slag is prepared for dephosphorization.

（8）Which is the correct sequence of operations in the BOS process?

1）Charging – Blowing – Tapping – Slagging.

2）Blowing – Charging – Tapping – Slagging.

3）Charging – Blowing – Slagging – Tapping.

（9）Which is an average ratio for steel contained vessel capacity, in BOS?

1）1/50.　　　　2）1/1.　　　　3）1/10.

（10）Which is the average time that the oxygen blowing period demands?

1）2min.　　　　2）15min.　　　　3）60min.

（11）In bottom – blown converters, what is the purpose of mixing a hydrocarbon fluid with oxygen, at tuyere tip?

1）Cool the tuyere and protect it.

2）Strongly stir the metal bath.

3）Enhance slag formation.

（12）During the BOS, several process parameters are monitored. What information provides the off – gas analysis?

1）Slag acid instant carbon content.

2）Instant carbon content.

3）Bath temperature.

（13）Which of the following objectives is achieved during oxygen blowing?

1）Lower carbon content and remove unwanted elements.

2）Acidification of slag and dephosphoration.

3）Increase the amount of silicon contained in steel.

（14）What is the composition of the gas blown in BOS?

1）Oxygen + Nitrogen.　　　2）Oxygen + Argon.　　　3）Pure Oxygen.

（15）Why is the bottom stirring with N and Ar advantageous?

1）Cools the fumes to be extracted.

2）Improves P and S removal.

3）Reduces the blow period.

（16）Which of the following elements are recovered and not disposed with slag?

1）MgO and MnO.　　　2）Fe and CaO.　　　3）P_2O_5 and SiO_2.

（17）**Why are fluxes added to the metal charge in BOS**?

1）To react with carbon and manganese.

2）To protect the refractory lining.

3）To improve slag formation.

（18）**Why would you sample steel in the vessel at the end of the blow**?

1）To estimate oxygen and cooling agent requirements.

2）To measure the temperature and check tapping conditions.

3）To verify slag composition and refractory lining residuals.

（19）**What is the characteristic of the slag suitable for final dephosphorization in BOS**?

1）Acid slag.   2）Non reactive slag.   3）Reactive slag.

2.9　成绩考核及评分标准

模拟考核以管线钢为例。

2.9.1　基本要求（合格）

（1）按照仿真程序及指导教师的具体要求完成转炉模拟冶炼模块。

（2）按照系统给定的模拟条件完成模拟过程。（最终钢水 S 含量可不考虑）

2.9.2　能力提高（优秀）

（1）满足 2.9.1 节的要求。

（2）铁水、铁矿石、石灰、白云石这几种原料必须要添加，加入量不限；不符合此要求，终点吨钢成本加 \$3.0。

（3）出钢温度及出钢时间均需满足系统要求，最终钢水成分中硫含量需远低于 0.02%，其他成分含量满足系统要求，否则吨钢成本加 \$5.0。

（4）终渣成分控制在 $15\% \leqslant w(FeO) \leqslant 35\%$，CaO 35% ~ 55%，$SiO_2$ 10% ~ 25%，$w(MgO) \leqslant 12\%$ 范围内，一项不满足吨钢成本加 \$2.0。

在满足上述要求的基础上，按冶炼成本高低决定模拟过程的优劣。

3 电炉炼钢模拟冶炼

3.1 电炉炼钢介绍

电炉是采用电能作为热源进行炼钢的炉子的统称。电炉可分为：电渣重熔炉——利用电阻热，感应熔炼炉——利用电磁感应；电子束炉——依靠电子碰撞；等离子炉——利用等离子弧；以及电弧炉——利用高温电弧等几种。目前，世界上电炉钢产量的95%以上是由电弧炉生产的，因此人们通常所说的电炉炼钢，主要是指电弧炉炼钢。电弧炉炼钢是靠电流通过石墨电极与金属料之间放电产生电弧，使电能在弧光中转变为热能，借助辐射和电弧的直接作用来加热、熔化炉料，冶炼出各种成分的钢和合金的一种炼钢方法。废钢是电弧炉炼钢的主要材料，也有用海绵铁代替部分废钢。通过加入铁合金来调整化学成分、合金元素含量。冶炼过程一般分为熔化期、氧化期和还原期，在炉内不仅能造成氧化气氛，还能造成还原气氛，因此脱磷、脱硫的效率很高。电炉炼钢示意图见图3-1。

图3-1 电炉炼钢示意图

以废钢为原料的电炉炼钢，比高炉转炉法基建投资少，同时由于直接还原的发展，为电炉提供金属化球团代替大部分废钢，大大地推动了电炉炼钢。世界上现有较大型的电炉约1400座，电炉正在向大型、超高功率以及电子计算机自动控制等方面发展，最大电炉容量为400t。国外150t以上的电炉几乎都用于冶炼普通钢，许多国家电炉钢产量的60%~80%均为低碳钢。我国由于电力和废钢不足，主要用于冶炼优质钢和合金钢。

3.2 模拟冶炼目的

本次模拟冶炼的目的是让学生紧紧围绕电炉炼钢仿真模拟冶炼任务，进一步综合强化在理论课程中所学习的基础理论、基本知识和基本技能，通过钢铁大学网站下的电炉炼钢进行模拟操作（http：//www. steeluniversity. org/），冶炼出成分和温度合格的钢水，并满足其他各项技术经济指标的要求。

3.3 模拟冶炼任务

（1）模拟前熟悉模拟过程中如何选择、设置各种数据、参数；
（2）进行网站下电炉模拟操作，成功模拟产生的反馈结果将作为成绩评判的依据。

3.4 模拟的目标

模拟前，选择适合目标成分的废钢和原材料，将所选的原料合理地放入料仓中，然后加入电炉，选择加热功率熔化废钢，期间可加合金和造渣材料，喷吹炭粉和氧气以获得泡沫渣，在规定的时间内，使钢液达到所选择钢种的目标成分及温度。在整个模拟过程中，应尽量降低冶炼成本。

3.5 模拟操作过程

点击"Electric Arc Furnace Simulation"进入电炉模拟界面，如图3-2所示。

图3-2 电炉模拟主界面

继续下一步操作，可进入到如下的模拟参数设定界面（图3-3）。

Electric Arc Furnace Simulation

Simulation settings

🔲 User Level	Step 1
🔲 Steel Grade	Step 2
🔲 Please select your steel grade and compose your scrap selection.	Step 3
🔲 Scrap Yard	Step 4
🔲 Summary	Step 5

图3-3　模拟参数设定界面

（1）用户水平（Step 1）。首先，操作者要选择用户水平（Step 1），激活"User Level"进入到如下选择界面（图3-4）。与前面的模拟一样，本模拟也包括了大学生水平和钢厂熟练工人水平，可根据实际情况自主选择。

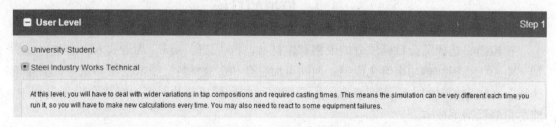

图3-4　用户水平选择界面

（2）目标钢种（Step 2）。激活"Steel Grade"进入到如下的钢种选择界面（图3-5），操作者可选择某一钢种进行模拟冶炼。

图3-5　目标钢种选择界面

本模拟为操作者提供四种典型的钢种，包括建筑用钢（general purpose construction beam steel）、TiNb 超低碳钢（TiNb ultra-low carbon steel for car bodies）、输送油气用的管线钢（linepipe steel for gas distribution）及工程用钢（engineering steel）四个不同的钢种。可以模拟不同冶炼过程。不同钢种成分如表3-1所示。

表3-1　本模拟中的四个钢种的目标成分　　　　　　　　　（%）

元素	建筑用钢		TiNb 超低碳钢		管线钢		工程用钢	
	最小值	最大值	最小值	最大值	最小值	最大值	最小值	最大值
C	0.10	0.130	0.05	0.10	0.040	0.060	0.30	0.45
Si	0.10	0.50	0.15	0.50	0.10	0.30		0.50

续表 3 – 1

元素	建筑用钢		TiNb 超低碳钢		管线钢		工程用钢	
	最小值	最大值	最小值	最大值	最小值	最大值	最小值	最大值
Mn	1.00	1.50	0.65	1.20	0.90	1.30	0.60	1.20
P		0.025	0.055	0.075		0.008		0.035
S		0.10		0.050		0.010		0.080
Cr		0.10		0.050		0.060		1.2
Al		0.055				0.035		0.030
B		0.0005		0.005		0.005		0.005
Cu		0.15		0.080		0.060		0.35
Ni		0.15		0.080		0.050		0.30
Nb		0.050		0.030		0.018		
Ti		0.010		0.035		0.010		
V		0.010				0.010		0.010
Mo		0.040		0.010		0.010		0.30

钢种特性如下：

1）建筑用钢（general purpose construction beam steel）是较普通的钢种，冶炼简单，模拟冶炼建筑用钢的主要任务就是保证准确的合金加入量。

2）TiNb 超低碳钢（TiNb ultra – low carbon steel for car bodies）是汽车车身用钢，为了优化其可塑性，碳含量必须小于 0.0035%。因此，在模拟中，首先要选择碳含量相对较低的原材料，因为在随后的二次精炼操作中必须要进行脱碳操作。

3）输送油气用的管线钢（linepipe steel for gas distribution）是高品质钢种，其高强度和高抗断裂性能要求钢中的杂质组元（S、P、H、O 和 N）非常低。

4）工程用钢（engineering steel）是热处理低合金钢种，包含一定的 Cr 和 Mo。

注意：本次模拟中各钢种的目标成分达到二次精炼前所需的钢液成分要求即可，而不是浇注前钢种的最终成分。

（3）原料选择（Step 3）。激活 "Please select your steel grade and compose your scrap selection" 进入到如下的原料选择界面（图 3 – 6），其中左侧为可选择的几种废钢原料，可通过上下箭头来增加或减少原料的加入量，本实例中选择了 50t "No1 Bundles" 和 50t "No2 Bundles"，在 "Total" 栏出现了红色矩形提示，这说明加料量已超过了模拟中电炉的最大装载量，实际上废钢加入量要限制在 90t 以下，废钢体积限制在 100m³ 以下。

原料选择完毕后，右边会显示一些元素的成分含量，包括 C、Si、Mn、P、S、Cr、Mo、Ni、Cu、N、Nb、Ti。第一列数据为初始钢料的成分，第二、三列数据为目标钢水的下、上限值（成分范围），◡表示含量小于最小目标值，◡表示含量高于最大目标值，需要操作者调整配料比例或在随后的冶炼过程中采用其他冶炼手段进行调整。操作者需要注意的是，Cu、Ni、Mo 等元素基本氧化，因此在冶炼过程中无法去除，因此在配料时应注意这几种元素不能超标。P、Cr、Mn 等元素可在冶炼过程中通过吹氧使其少量氧化，因此，配料后钢料的初始成分值可稍大于上限值。

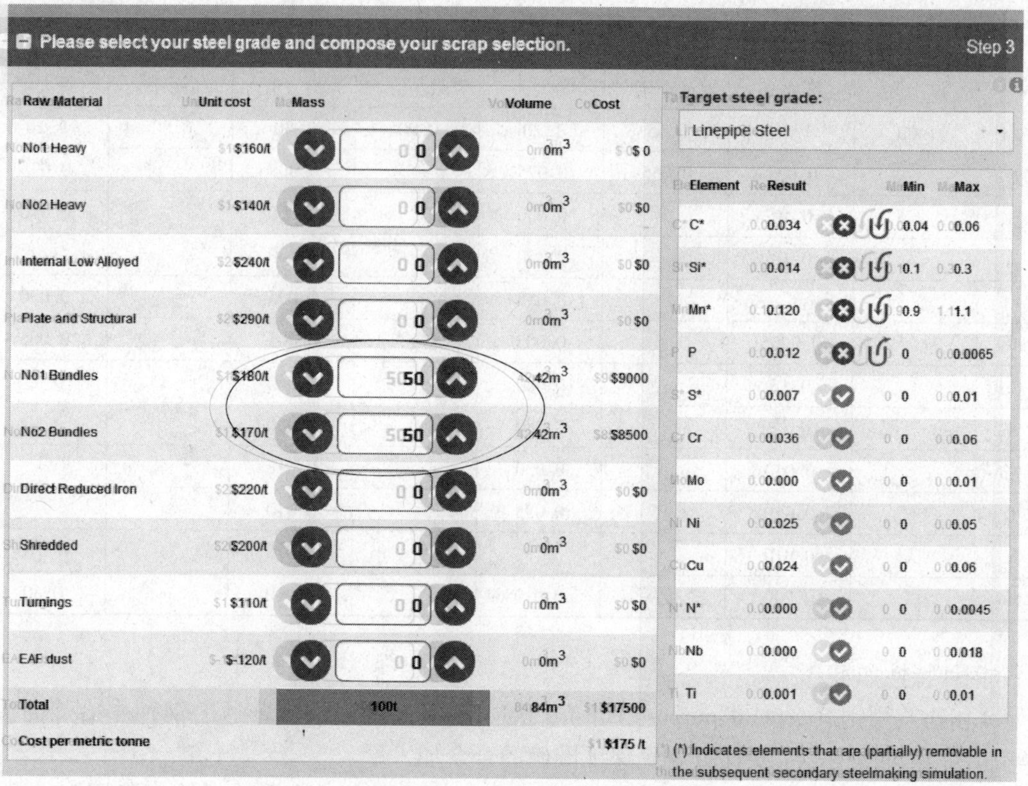

图 3-6　原料选择界面

　　本模拟提供了十种废钢可供选择，包括：No1 Heavy（No. 1 重料）、No2 Heavy（No. 2 重料）、Internal Low Alloyed（厂内合金废钢）、Plate and Structural（板和建筑用废钢），No1 Bundles（No. 1 捆绑料）、No2 Bundles（No. 2 捆绑料）、Direct Reduced Iron（直接还原铁）、Shredded（废钢碎片）、Turnings（切削废钢）及 EAF dust（电炉炉尘）。废钢特性如表 3-2 所示。

表 3-2　废钢特性

废钢原料	平均成分（质量分数）/%	体积密度/kg·m^{-3}	形　状	价格/美元·t^{-1}
No. 1 重料 	0.025% C，0.017% Si，0.025% P，0.033% S，0.2% Cr，0.15% Ni，0.03% Mo，0.18% Cu，0.014% Sn	0.85	大块废钢	160
No. 2 重料 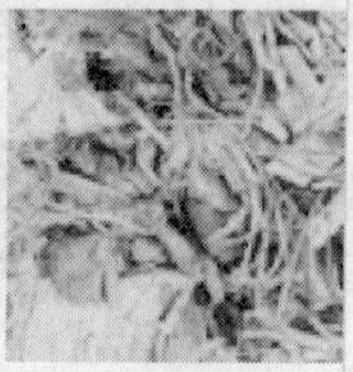	0.03% C，0.022% Si，0.028% P，0.035% S，0.26% Cr，0.18% Ni，0.03% Mo，0.18% Cu，0.016% Sn	0.75	大块废钢	140

续表 3-2

废钢原料	平均成分（质量分数)/%	体积密度/kg·m^{-3}	形状	价格/美元·t^{-1}
厂内合金废钢	0.17% C, 0.04% Si, 0.31% Mn, 0.013% P, 0.0014% S, 0.26% Cr, 0.4% Ni, 0.001% Nb, 0.015% Ti, 0.005% V, 0.14% Mo	3.0	大块废钢	240
板和建筑用废钢	0.25% C, 0.25% Si, 1.0% Mn, 0.025% P, 0.025% S, 0.15% Cr, 0.05% Mo, 0.15% Ni, 0.22% Sn	2.0	大块废钢	290
No.1 捆绑料	0.027% C, 0.012% Si, 0.12% Mn, 0.01% P, 0.006% S, 0.032% Cr, 0.02% Ni, 0.001% Ti, 0.018% Cu	1.2	小块废钢	180
No.2 捆绑料	0.04% C, 0.016% Si, 0.12% Mn, 0.014% P, 0.008% S, 0.04% Cr, 0.03% Ni, 0.0014% Ti, 0.03% Cu	1.1	小块废钢	170
直接还原铁	2.4% C, 0.1% P, 0.01% S, 0.02% Ti, 0.03% Nb, 0.02% V	1.65	小块废钢	220
废钢碎片	0.03% C, 0.015% Si, 0.02% P, 0.03% S, 0.12% Cr, 0.1% Ni, 0.02% Mo, 0.16% Cu, 0.013% Sn	1.5	细小废钢	200
切削废钢	0.03% P, 0.113% S, 0.698% Cr, 0.538% Mo, 0.157% Pb	1.5	细小废钢	110
电炉炉尘	0.91% Si, 4.44% Mn, 0.019% P, 0.001% S, 20.03% Cr, 11.2% Ni, 0.14% Ca, 0.003% Ti	3.0	粉末	120

（4）废钢入篮（Step 4）。选择完废钢原料后，激活"Scrap Yard"开始下一阶段模拟，将废钢分装入给出的三个料篮里，界面显示如图3-7所示。选择的废钢原料可在指定的料仓看到，如果没有选定某种物料，该物料在料仓中是不可视的。操作者需要将料仓中的废钢装入到系统给定的三个料篮中（Scrap bins），利用上下箭头给第一个料篮加料，第一个料篮加满后，可点击第二个料篮继续加料，同理，可给第三个料篮加料。如果某一料仓中的废钢清空后，可点击另一个料仓进行加料。

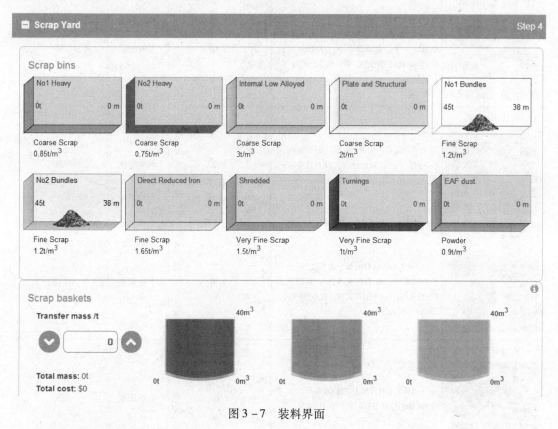

图3-7　装料界面

将废钢入篮时需注意：

1）模拟用电炉容积为40m³。

2）为了有效利用电炉的装料空间，需将每一篮原料逐一进行熔化。

3）一旦改变料篮，就不能返回和替换先前篮子中的原料。

需要加入几篮原料（共三篮）和按什么顺序向篮中加入各种废钢完全由用户来决定。避免在任何一篮中过多加入粗制废钢，因为会增加电极的破损。建议每篮中大块废钢含量不超过总量的30%。如果可能，可以将大块废钢分装在三个料篮中。

第一篮废钢的体积最大，为炉子允许容积（图3-8中的A）。因为钢液的密度远大于废钢的体积密度，原料熔化后，体积会大大减小，就会给第二篮、第三篮原料让出空间。因为第一批原料熔化后要占有一部分炉子容积，所以加入第二篮和第三篮原料的体积最大应为炉子的剩余容积，比如 A - A′ = B。

（5）设定信息查看（step 5）。激活"Summary"进入到如下的设定信息查看界面（图

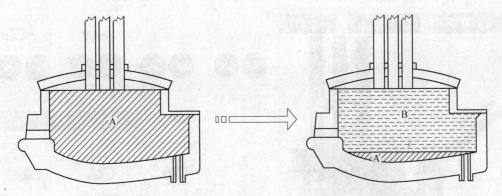

图 3 - 8 熔化过程中 A 逐渐减小，产生了图中 B 所示的空间

3 - 9），在此界面下，可查看不同的料篮的装料情况以及其他的相关模拟生产参数，如发现设定有误，可点击"Restart"按钮重新设定。如无误的话，可点击"START SIMULA-TION"进入模拟冶炼操作界面。

Raw Material	Unit cost	Mass	Volume	Cost
No1 Heavy	$160/t	0t	0m^3	$0
No2 Heavy	$140/t	0t	0m^3	$0
Internal Low Alloyed	$240/t	0t	0m^3	$0
Plate and Structural	$290/t	0t	0m^3	$0
No1 Bundles	$180/t	45t	38m^3	$8100
No2 Bundles	$170/t	45t	38m^3	$7650
Direct Reduced Iron	$220/t	0t	0m^3	$0
Shredded	$200/t	0t	0m^3	$0
Turnings	$110/t	0t	0m^3	$0
EAF dust	$-120/t	0t	0m^3	$0
Total		90t	75m^3	$15750
Cost per metric tonne				$210/t

Element	Result			Min	Max
C*	0.034	✗	↻	0.04	0.06
Si*	0.014	✗	↻	0.1	0.3
Mn*	0.120	✗	↻	0.9	1.1
P	0.012	✗	↻	0	0.0065
S*	0.007	✓		0	0.01
Cr	0.036	✓		0	0.06
Mo	0.000	✓		0	0.01
Ni	0.025	✓		0	0.05
Cu	0.024	✓		0	0.06
N*	0.000	✓		0	0.0045
Nb	0.000	✓		0	0.018
Ti	0.001	✓		0	0.01

Summary — Step 5

Total / Basket #1 / Basket #2 / Basket #3

User Level — University Student
Steel Grade — Linepipe Steel

Restart ↻

START SIMULATION ❯

图 3 - 9 设定信息查看界面

3.6 模拟冶炼操作界面

模拟冶炼操作界面如图 3 - 10 所示。

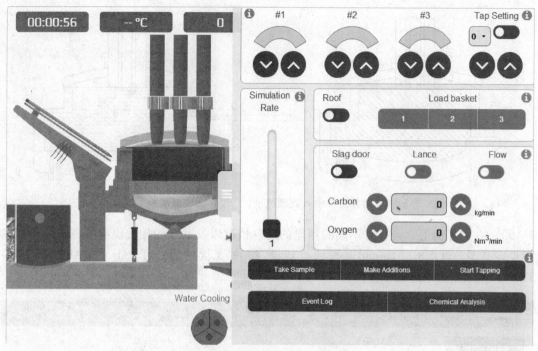

图 3 – 10　模拟冶炼操作界面

在操作界面的左上方，用户可以看到：

用去时间——记录从模拟开始后的时间。格式为 HH：MM：SS。

钢液温度——单位：℃。

目前已消耗的电能——单位：MW。

在操作屏的右半部分可进行多项模拟操作，在"Simulation Rate"栏中，通过移动滑块可以在 1×到 32×之间设定模拟速率。操作者可根据自己的操作习惯自主选择模拟速率，建议初学者在低速下进行模拟，否则模拟过程会变得不可控。

操作需要掌握相关模块的作用，以便顺利地完成模拟过程。

3.6.1　电炉加料

模拟中使用天车将料篮吊起并移向电炉，首先确保炉顶已打开。点击屏幕中的"Roof"按钮，使其变为绿色，此时操作者会发现炉盖被移开，如图 3 – 11 所示。此时，天车已被激活。

"Load basket"按钮下的"1"、"2"及"3"代表废钢篮的序号，确定炉盖打开后，点击任何一个数字，可将其代表的废钢篮中的废钢通过天车送入电炉中，如图 3 – 12 所示。注意：加入一篮，熔化一篮，不要连加。装料完毕后，再次点击"Roof"按钮，将电炉盖复位。

3.6.2　熔化废钢

电弧炉炼钢是通过石墨电极向电弧炼钢炉内输入电能，以电极端部和炉料之间发生的电弧为热源进行炼钢。"Tap Setting"按钮表示是电炉的给电开关，可设定不同的加热功

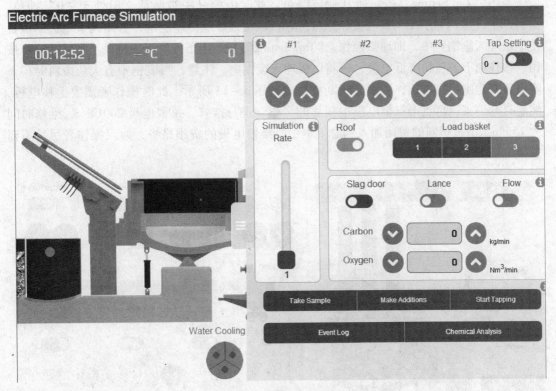

图 3-11 电炉加料界面

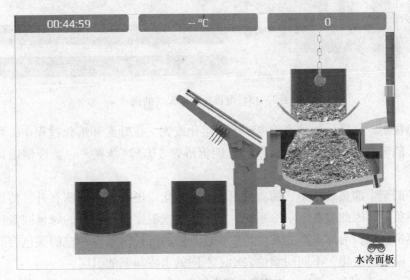

图 3-12 天车装料过程演示

率, 如表 3-3 所示。

表 3-3 可调功率范围 (kW)

0	1	2	3	4
0	75	90	105	120

点击"Tap Setting"按钮使其变成绿色，此时电源开关被激活，但处于"0"挡位，没有产生电弧。为了使三根电极和原料接触，以便很好地传递能量，必须调节电极的位置使电极埋入废钢料中，即埋弧操作。"Tap Setting"按钮正下方的上下键表示电极的升降按钮，按住向下的按钮降低电极，可将电极埋入废钢中。注意，当废钢中有大块废料时，下降电极时速度不宜过快，否则会折断电极，如图3-13所示。此时操作者需要上移电极，然后打开炉盖，再点击三根电极中损坏的一根，进行维修，每根电极200US $，维修时间为15min，电极折断的费用加入到总成本中。维修电极的费用昂贵，建议操作者尽量不要发生电极折断的情况。

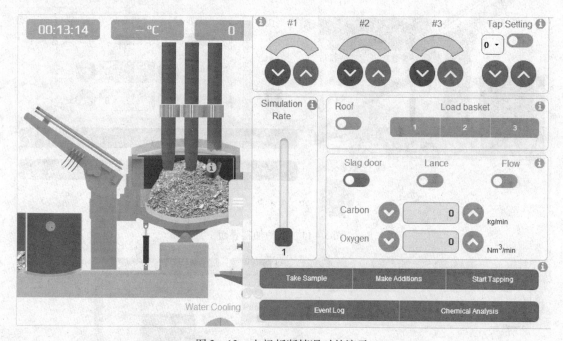

图3-13　电极折断情况时的演示

埋入电极后，选择一挡功率给电，开始熔化废钢。在升温和熔化过程中，可根据实际冶炼情况，随时对加热功率进行调节。电能价格为 $0.57/(kW·h)$。废钢熔化过程如图3-14所示。

在电炉的整个加热过程中，随着废钢的逐渐熔化，电弧逐渐暴露在外，使炉壁和炉底产生了高热负荷，因此装备了水冷系统，以降低炉壁温度。左下方的绿色圆盘代表着水冷炉壁，在模拟过程，冶炼末期会发生炉壁快速升温的过程，水冷却壁的颜色会随着温度的变化而发生颜色的变化，不同的颜色表示了不同的水冷却壁的温度：

（1）所有的为绿色，Twater < 75℃（安全）；

（2）一部分橘黄色，Twater = 75 ~ 90℃（安全）；

（3）一部分红色，Twater = 90 ~ 105℃（需警惕）；

（4）所有的为红色，Twater > 105℃（停止工作）。

如果水冷却壁温度达到110℃，电源将自动关闭，只有温度降到80℃以后才能打开电源。操作者要监控水冷却壁的温度变化，以保证电炉的正常工作。

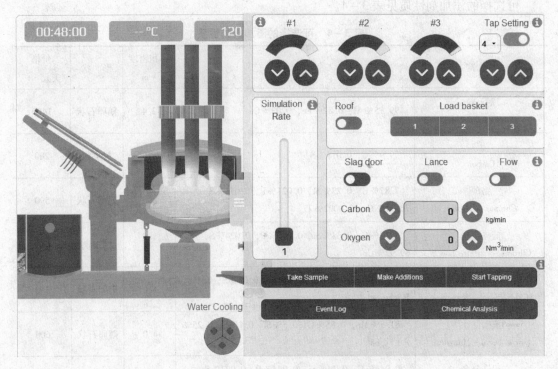

图 3 – 14　高温电弧熔化废钢过程

3.6.3　钢液成分调整

　　点击"Make Additions"按钮可进行合金添加以调整钢液成分，从而满足目标钢水的要求，如图 3 – 15 所示。可在矩形框中输入需要添加的合金重量，或通过上下箭头调节。

Make Additions

Ferro-Vanadium	$8.40/kg		80	$ 672.00
Silico-Carbon	$0.61/kg		80	$ 48.80
Silico-Chromium	$0.94/kg		120	$ 112.80
Dolomite	$0.12/kg		50	$ 6.00
Fluorspar	$0.18/kg		90	$ 16.20
Iron Oxide	$0.14/kg		100	$ 14.00
Lime	$0.12/kg		80	$ 9.60
	Total		600 kg	$879.40

Clear　Order

图 3 – 15　合金添加界面

可选择的添加剂性质见表3-4。

表3-4 可选择的添加剂的性质

添加剂	成 分	体积密度 /t·m^{-3}	形 状	价格 /美元·t^{-1}
铝 粒 Aluminum pebbles	99.15% Al, 0.82% Fe, 0.03% Cu	2.4	鹅卵石状	1400
碳 Carbon	99.9% C, 0.011% S	1	粉末状	280
铬碳 Chrome – Carbure	7.82% C, 0.23% Si, 0.021% P, 0.051% S, 70.11% Cr, 0.0092% Ti	3.5	鹅卵石状	590
低硫铬碳 Chrome – Carbure Low S	8.12% C, 0.34% Si, 0.017% P, 0.024% S, 69.92% Cr	1	粉末状	660
高碳锰铁 High C Ferro – Mangnese	76.5% Mn, 6.7% C, 1.0% Si, 0.03% S, 0.3% P + Fe bal.	4.0	鹅卵石状	350
低碳锰铁 Low C Ferro – Mangnese	81.5% Mn, 0.85% C, 0.5% Si, 0.1% S, 0.25% P + Fe bal.	4.0	鹅卵石状	600
钼铁合金 Ferro – Molybdenum	0.044% C, 0.14% Si, 0.044% P, 0.092% S, 62.02% Mo + Fe bal.	6	鹅卵石状	16800
硅铁75%25 Ferro Silicon 75	0.08% C, 60.3% Si, 0.014% P, 0.002% S, 1.23% Al, 0.05% Ti + Fe bal.	2.5	鹅卵石状	700
硅铁75%25（高纯净度） Ferro Silicon 75, high purity	0.008% C, 75.6% Si, 0.003% P, 0.024% Al, 0.014% Ti + Fe bal.	2.5	鹅卵石状	840
钒铁合金 Ferro – Vanadium	0.25% C, 0.72% Si, 0.031% P, 0.081% S, 1.23% Al, 78.82% V + Fe bal.	3.5	鹅卵石状	8400
硅 碳 Silico – Carbon	30% C, 70% Si	1.5	鹅卵石状	610
硅 铬 Silico – Chromium	1.82% C, 25.33% Si, 0.014% P, 0.015% S, 38.23% Cr + Fe bal.	3.5	鹅卵石状	940
白云石 CaO – MgO Dolomite	38.5% MgO, 2% SiO$_2$, 0.005% P, 0.15% S + CaO bal.	1	粉末状	120
氟石（CaF$_2$） Fluorspar	20% CaO, 20% MgO, 20% SiO$_2$, 0.001% P, 0.06% S + CaF$_2$ bal.	1	粉末状	180
铁氧化物 Iron Oxide	0.3% Al$_2$O$_3$, 0.5% CaO, 0.1% MgO, 0.001% P + FeO bal.	1.8	粉末状	140
石灰（CaO） Lime	1.2% Al$_2$O$_3$, 1.8% MgO, 2.1% SiO$_2$, 0.01% P, 0.01% S + CaO bal.	1	粉末状	120

在冶炼的任意时期均可添加合金，主要作用是：

（1）调节最终钢液成分。

（2）脱氧，生成的氧化物可由炉渣吸附。

（3）调节炉渣成分，使其更有效地脱硫和脱磷。

3.6.3.1 合金添加量的计算

待三篮废钢完全熔化后，点击"Tape Sample"可测量钢液成分（此过程需等待几分钟），得到图 3-16 所示的成分分析。可根据分析结果来制定合金添加量。

Liquid Steel Composition / wt%

Element	Current		Min	Max
C	0.02361	✖	0.1000	0.1200
Si	0.01661	✖	0.1000	0.3000
Mn		✖	1.0000	1.5000
P	0.02453	✖		0.0200
S	0.02626	✔		0.0300
Cr	0.19638	✖		0.1000
Al				
B		✔		0.0005
Ni	0.14919	✔		0.1500
Nb		✔		0.0500
Ti		✔		0.0100
V		✔		0.0100
Mo	0.02997	✔		0.0400
Ca		✔		0.0010

图 3-16 钢水成分分析界面

大多数情况下，钢液中加入的合金不仅仅包含一种元素。加入的原料中经常含有两种或多种组元，称为主要合金。当利用这类原料时，要同时考虑合金中的主要组元和合金收得率。每种元素的收得率就是钢液中元素的实际增加量，而不是损失进入到渣中的量。

$$m_{\text{additive}} = \frac{100 \times \Delta X_\% \times 钢水重量}{合金中主组元含量\ X_\% \times 收得率\ x}$$

式中 m_{additive}——合金添加量；

  $X_\%$——合金中单质金属 X 的百分含量；

  $\Delta X_\%$——合金中单质金属 X 在添加合金前后的百分含量变化量。

[**例**] 250t 钢水，锰含量为 0.12%。计算要加入多少高碳锰铁（HC FeMn）能够使锰含量达到 1.4%。加入的铁合金锰含量为 76.5%，合金中锰的收得率为 95%。下面给出了计算结果：

$$m_{\text{additive}} = \frac{100 \times (1.4 - 0.12)\% \times 250000\text{kg}}{76.5\% \times 95\%} = 4403\text{kg}$$

当加入主要合金时，应该考虑到合金中其他元素对钢液的影响。例如：前面的例子，计算碳含量的增加。HC FeMn 中碳含量为 6.7%，并且收得率为 95%。

$$\Delta w(\text{C}) = \frac{4403\text{kg} \times 6.7\% \times 95\%}{100\% \times 250000} = 0.112\%$$

对于低碳和超低碳钢来说，必须严格禁止这种碳含量的增加。在这种情况下，必须采用价格高的低碳或高纯净的锰铁合金。

3.6.3.2 混匀时间

应该指出的是，加入合金后不会立即改变钢包中钢液的成分，这需要一定的熔解时间。在模拟中，通过了解以下的情况来确保合金有足够的熔化时间：

(1) 粉末和颗粒均匀的合金比颗粒粗糙或鹅卵石形状的合金熔化速度快；

(2) 随着温度的降低混匀时间增加。

3.6.3.3 脱硫

某些钢种，比如用于输送油气的管线钢，为了达到更好的焊接性能和起泡性能，要求钢中硫含量非常低。通过钢液和炉渣进行硫交换来达到脱硫目的。钢中的溶解铝含量和硫含量以及渣中的石灰、三氧化二铝、硫化钙含量决定发生的反应。通常用下式表示：

$$3(\text{CaO}) + 2[\text{Al}] + 3[\text{S}] \Longrightarrow 3(\text{CaS}) + (\text{Al}_2\text{O}_3)$$

实际上，电炉内的脱硫步骤如下：

(1) 出钢时，加入 CaO 基脱硫合成渣；

(2) 铝脱氧实现很低的氧活度（否则铝先于氧反应）。

模拟过程中，石灰石、白云石或萤石可以在任意时刻加入。加入的渣剂越多，脱除的硫量越多，但是成本也越高。

(3) 必须要预测炉渣成分，因为炉渣成分分析所用时间较长，因此在冶炼过程中不可取。

渣中高 CaO 和 Al_2O_3 是非常重要的，因为较高 CaO 含量的炉渣的硫分配比较高，因此能更有效地脱硫。一般来说，温度大于 1600℃ 且溶解氧低有利于脱硫。

3.6.3.4 脱磷

炉渣的脱硫能力决定于钢液的温度和氧活度以及炉渣的碱度和 FeO 含量。在较高温度和较低 FeO 含量下，就会发生从炉渣向钢液的回磷现象。因此，应在冶炼开始尽早地进行脱磷，这时钢液温度较低。

3.7 模拟结果反馈

模拟结束后，点击"出钢"，模拟结果的"Cost breakdown"界面如图 3 - 17 所示，成分、时间及温度的指标都判定为对号的话，可视为模拟成功。总的成本将显示到屏幕上，以美元/吨表示。点击相应的按钮操作者可看到钢水（图 3 - 17）成分。

在"Additional information"界面可以查看终渣成分，其中钢液成分及渣成分需要在模拟过程中添加合金或渣料加以调节。

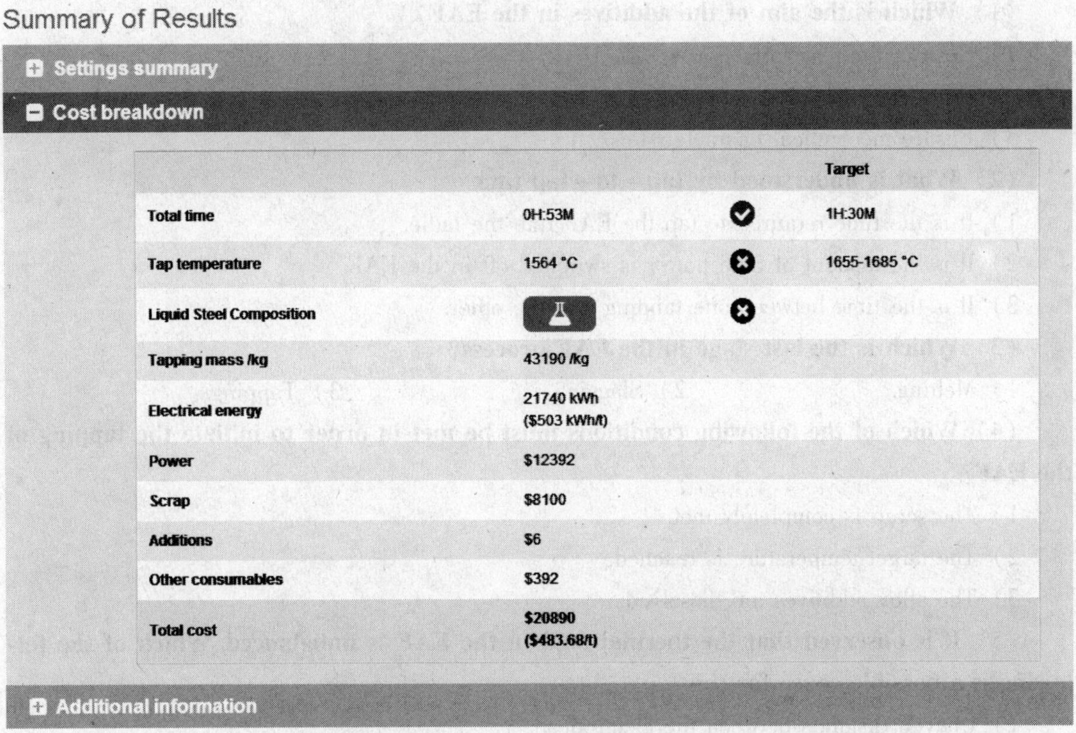

Summary of Results

Settings summary

Cost breakdown

			Target
Total time	0H:53M	✓	1H:30M
Tap temperature	1564 °C	✗	1655-1685 °C
Liquid Steel Composition	🧪	✗	
Tapping mass /kg	43190 /kg		
Electrical energy	21740 kWh ($503 kWh/t)		
Power	$12392		
Scrap	$8100		
Additions	$6		
Other consumables	$392		
Total cost	$20890 ($483.68/t)		

Additional information

图 3 – 17　模拟结果反馈界面

3.8　模拟冶炼配料

为了完成模拟，可参照表 3 – 5 所列的配料方式配比废钢，需要说明的是，下面的配料并不是最优的废钢料组合方式，并不能保证冶炼成本最优化。为了获得最优的冶炼结果，需要通过反复的模拟测试。

表 3 – 5　废钢原料表　　　　　　　　　　　　　　　　　　　　（t）

废钢原料	建筑用钢（CON）	超低碳钢（ULC）	管线钢（LPS）	工程钢（ENG）	废钢原料	建筑用钢（CON）	超低碳钢（ULC）	管线钢（LPS）	工程钢（ENG）
No. 1 重料	20	3			No. 2 捆绑料	30	40	30	20
No. 2 重料			5	40	直接还原铁				
厂内合金废钢					废钢碎片				
板和建筑用废钢			5		切削废钢	10	5		10
No. 1 捆绑料	30	42	50	20	EAF 炉尘				

3.9　电炉测试（Electrical Arc Furnace Test）

以下是关于电炉操作及冶炼原理的测试，每个问题只有一个正确答案，以英文形式出现。

(1) **Which is the aim of the additives in the EAF**?

1) Restrict the slag formation.

2) Favor the desulphurization of steel.

3) Ensure mechanical characteristics.

(2) **What is understood by tap - to - tap time**?

1) It is the time required to tap the EAF into the ladle.

2) It is the amount of time power is switched off in the EAF.

3) It is the time between one tapping and the other.

(3) **Which is the last stage in the EAF process**?

1) Melting.　　　　　　2) Slagging.　　　　　　3) Tapping.

(4) **Which of the following conditions must be met in order to initiate the tapping of the EAF**?

1) The scrap is completely met.

2) The target temperature is reached.

3) The alloy additives are dissolved.

(5) **It is observed that the thermal load in the EAF is unbalanced. Which of the following is a possible cause for this**?

1) Uneven distance between the electrodes.

2) Deteriorated insulation of the brick walls.

3) Low input voltage or small electric arc.

(6) **Which is the role of the burners in the EAF**?

1) Melt the charge of the second basket.

2) Even the thermal differences in the furnace.

3) Help in the slag foaming process.

(7) **How is the foaming slag obtained**?

1) By increasing the arc.

2) By injecting oxygen.

3) By super heating the bath.

(8) **Which of the following best describes the furnace walls**?

1) They are lined with ceramic bricks, bond together with carbon.

2) They are double walled covered with solidified slag in the interior.

3) They are built with cast iron and water cooled on the outside.

(9) **When charging the furnace, where is the coarse scrap loaded**?

1) Into the center of the basket.

2) At the top and sides of the basket.

3) At the bottom of the basket.

(10) **Which of the following situations can cause electrode breakage**?

1) Heavy pieces of scrap.

2) Very high input voltage.

3) Restricted tilting movement.

Correct answer：2) 3) 3) 2) 1) 2) 2) 1) 1) 1)

3.10 成绩考核及评分标准

模拟考核以管线钢为例。

3.10.1 基本要求（合格）

（1）按照仿真程序及指导教师的具体要求完成电炉模拟冶炼模块。

（2）按照系统给定的模拟条件完成模拟过程。

3.10.2 能力提高（优秀）

（1）满足 3.10.1 节的要求。

（2）终渣成分控制在 $15\% \leqslant w(FeO) \leqslant 35\%$，CaO：$35\% \sim 55\%$，$SiO_2$：$10\% \sim 25\%$，$w(MgO) \leqslant 12\%$ 范围内，一项不满足吨钢成本加 \$2.0。

在满足上述要求的基础上，按冶炼成本高低决定模拟过程的优劣。

4　二次精炼模拟冶炼

4.1　二次精炼介绍

炉外精炼是把转炉或电炉中所炼的钢水移到另一个容器（主要是钢包）中进行精炼的过程，也称为二次炼钢或钢包精炼。炉外精炼把传统的炼钢分为两个步骤：（1）初炼：在氧化性气氛下进行炉料的熔化、脱磷、脱碳和主合金化；（2）精炼：在真空、惰性气氛或可控气氛下进行脱氧、脱硫、去除夹杂、夹杂物变性、微调成分、控制钢水温度等。从20世纪60年代以来，各种炉外精炼方法相继出现，炉外精炼在现代化的钢铁生产流程中已成为一个不可缺少的环节，尤其是炉外精炼与连铸相配合，是保证连铸生产顺行、扩大连铸品种、提高铸坯质量的重要手段。在炼钢生产流程中，采用转炉（电炉）→炉外精炼→连铸已成为钢厂技术改造的普遍模式。

各种炉外精炼方法的工艺各异，共同特点是：

（1）有一个理想的精炼气氛，如真空、惰性气体或还原性气体。

（2）采用电磁力、吹惰性气体搅拌钢水。

（3）为补偿精炼过程中的钢水温降损失，采用电弧、等离子、化学法等加热方法。

炉外精炼主要是在钢包内完成的。总的来说，有以下冶金作用：

（1）钢水温度和成分均匀化。

（2）微调成分使成品钢的化学成分范围非常窄。

（3）把钢中硫含量降到非常低（如 $w(S) < 0.005\%$）。

（4）降低钢中的氢氮含量（如 $w(H) < 2 \times 10^{-4}\%$）。

（5）改变钢中夹杂物形态和组成。

（6）去除有害元素。

（7）调整温度。

钢包精炼方法不同，采用的工艺操作也不相同，所达到的冶金效果也不一样。要结合生产的钢种、产品质量来选择合适的炉外精炼方法。

4.2　模拟冶炼目的

让学生紧紧围绕连续二次精炼仿真模拟冶炼任务，进一步综合强化在理论课程中所学习的基础理论、基本知识和基本技能，通过钢铁大学网站下的连续铸钢进行模拟操作，冶炼出成分和温度合格的钢水，并满足其他各项技术经济指标的要求。

4.3 模拟冶炼任务

（1）模拟前下载学习二次精炼用户模拟指南，熟悉模拟过程中如何选择、设置各种数据、参数。

（2）进行网站下二次精炼模拟操作，成功模拟产生的反馈结果将作为成绩评判依据。

4.4 模拟的目标

模拟炼钢精炼部分是对炼钢工序冶炼出的钢水或系统提供的钢水，在一定的时间内以合适的成分、温度和一定的夹杂物含量（纯净度）运送到合适的铸机，应以最小的成本来完成这个模拟。

4.5 模拟精炼装置

图4-1为模拟界面中精炼车间的设备布置图。

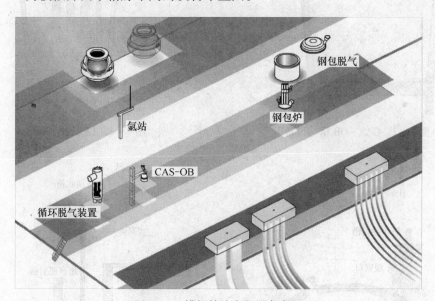

图4-1 模拟精炼车间设备布置

二次精炼设备有 CAS-OB（图4-2）、LF（图4-3）、VD（图4-4）、RH（图4-5）和吹氩设备。各精炼设备的工艺概要见表4-1。

表4-1 精炼设备的工艺概要

设 备	功 能	加热方式	成本/$·min^{-1}
RH	脱 C、O、H	吹氧加铝	10.00
VD	脱 C、O、H、S 及去夹杂	无	7.75

设　备	功　能	加热方式	成本/ $ · min^{-1}
CAS-OB	氩气保护加入合金	吹氧加铝	30.00
LF	脱 S 及去夹杂	电加热	22.50
吹氩站	加入精炼渣搅拌脱氧	无	5.70

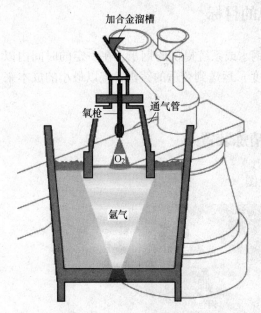

图 4-2　CAS-OB 精炼设备

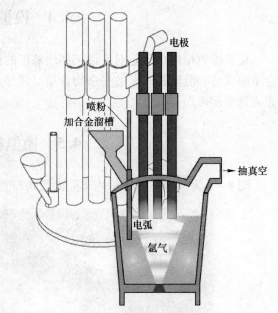

图 4-3　LF 炉精炼设备

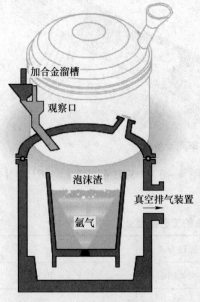

图 4-4　VD 精炼设备

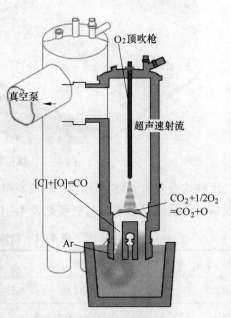

图 4-5　RH 精炼设备

4.6　模拟操作过程

点击"Secondary Steelmaking Simulation"进入到图4-6所示的模拟界面。

图4-6　模拟主界面

在此模拟中，操作者将从转炉中装满一包钢水，选择合适的精炼设备及工艺对钢水进行精炼，从而得到温度及成分都适宜的钢水，并运到制定的铸机上。

4.6.1　模拟参数设定

继续模拟操作步骤，进入到如下的模拟参数设定界面（图4-7）。

图4-7　模拟参数设定界面

首先，操作者要选择用户水平（Step 1），与前面的模拟一样，本模拟也包括了大学生水平和钢厂熟练工人水平，可根据实际情况自主选择。

其他设定有：

（1）目标钢种（图4-8）。模拟包括了很多不同的钢种，可以模拟不同的冶炼过程。

smStep 2

□ 钢种

- ○ 目标为普通建筑用钢
- ○ TiNb超低碳汽车用钢
- ○ 输送气体用管线钢
- ○ 工程钢（例如AISI4140）

图 4 – 8　目标钢种界面

1）普通的建筑用钢是要求不高的钢种，需要的工艺也很简单，操作者只需要确保加入适量的合金即可。目标钢种要求见表 4 – 2。

表 4 – 2　目标钢种要求（一）　　　　　　　　　（%）

元素	精炼前钢水成分含量	目标钢水含量中限值	目标钢水含量最小值	目标钢水含量最大值	元素	精炼前钢水成分含量	目标钢水含量中限值	目标钢水含量最小值	目标钢水含量最大值
C	约 0.0500	0.1450	0.1300	0.1600	Cu	约 0.0100	—	—	0.1500
Si	约 0.0000	0.2000	0.1500	0.2500	Sn	约 0.0050	—	—	0.0300
Mn	约 0.1200	1.4000	1.3000	1.5000	Nb	约 0.0000	0.0420	0.0350	0.0500
P	约 0.0170	—	—	0.0250	Ti	约 0.0000	—	—	0.0100
S	约 0.0150	—	—	0.0200	V	约 0.0000	—	—	—
Cr	约 0.0100	—	—	0.1000	Mo	约 0.0020	—	—	0.0400
Al	约 0.0000	0.0350	0.0250	0.0450	N	约 0.0030	—	—	0.0050
B	约 0.0001	—	—	0.0005	H	约 0.0003	—	—	0.0005
Ni	约 0.0100	—	—	0.1500	O	约 0.0400	—	—	0.0010

2）TiNb 超低碳钢用作车体材料，要求特定的碳含量，一般小于 0.0035%，以保证其成型性。一般转炉出钢后可以把碳含量降低十分之一的水平，然后选择适当的精炼设备脱除剩余的碳。目标钢种要求见表 4 – 3。

表 4 – 3　目标钢种要求（二）　　　　　　　　　（%）

元素	精炼前钢水成分含量	目标钢水含量中限值	目标钢水含量最小值	目标钢水含量最大值	元素	精炼前钢水成分含量	目标钢水含量中限值	目标钢水含量最小值	目标钢水含量最大值
C	约 0.0300	0.0030	0.0020	0.0040	Cu	约 0.0100	—	—	0.0800
Si	约 0.0000	0.2100	0.1500	0.2500	Sn	约 0.0050	—	—	0.0100
Mn	约 0.1000	0.7500	0.6500	0.8500	Nb	约 0.0000	0.0100	0.0050	0.0150
P	约 0.0080	—	—	0.0100	Ti	约 0.0000	0.0100	0.0050	0.0150
S	约 0.0150	—	—	0.0120	Mo	约 0.0020	—	—	0.0100
Cr	约 0.0100	—	—	0.0500	As	约 0.0020	—	—	0.0100
Al	约 0.0000	0.0450	0.0300	0.0550	N	约 0.0020	—	—	0.0050
B	约 0.0001	0.0009	0.0006	0.0012	H	约 0.0003	—	—	0.0005
Ni	约 0.0100	—	—	0.0800	O	约 0.0600	—	—	0.0005

3）输送气体用管线钢对强度和抗裂要求很高，因此需要很低水平的夹杂物及杂质含量（S、P、H、O 和 N）。目标钢种要求见表 4 - 4。

表 4 - 4 目标钢种要求（三） （%）

元素	精炼前钢水成分含量	目标钢水含量中限值	目标钢水含量最小值	目标钢水含量最大值	元素	精炼前钢水成分含量	目标钢水含量中限值	目标钢水含量最小值	目标钢水含量最大值
C	约 0.0500	0.0700	0.0600	0.0800	Sn	约 0.0050	—	—	0.0150
Si	约 0.0000	0.1800	0.1300	0.2300	Nb	约 0.0000	0.0150	0.0120	0.0180
Mn	约 0.1200	1.0500	1.0000	1.1000	Ti	约 0.0000	—	—	0.0100
P	约 0.0070	—	—	0.0080	V	约 0.0000	—	—	0.0100
S	约 0.0080	—	—	0.0030	Mo	约 0.0020	—	—	0.0100
Cr	约 0.0100	—	—	0.0600	Ca	约 0.0000	—	0.0010	0.0050
Al	约 0.0000	0.0300	0.0250	0.0350	N	约 0.0030	—	—	0.0045
B	约 0.0001	—	—	0.0050	H	约 0.0004	—	—	0.0002
Ni	约 0.0100	—	—	0.0500	O	约 0.0400	—	—	0.0007
Cu	约 0.0100	—	—	0.0600					

4）工程用钢是热处理低合金钢，含有一定的 Cr 和 Mo，要求氢含量水平很低。目标钢种要求见表 4 - 5。

表 4 - 5 目标钢种要求（四） （%）

元素	精炼前钢水成分含量	目标钢水含量中限值	目标钢水含量最小值	目标钢水含量最大值	元素	精炼前钢水成分含量	目标钢水含量中限值	目标钢水含量最小值	目标钢水含量最大值
C	约 0.1300	—	0.3800	0.4500	Ni	约 0.1000	—	—	0.3000
Si	约 0.0060	—	—	0.4000	Cu	约 0.0100	—	—	0.3500
Mn	约 0.1200	—	0.6000	0.9000	Sn	约 0.0050	—	—	0.0400
P	约 0.0070	—	—	0.0350	V	约 0.0000	—	—	0.0100
S	约 0.0080	—	—	0.0350	Mo	约 0.0020	—	0.1500	0.3000
Cr	约 0.0100	—	0.9000	1.2000	N	约 0.0030	—	—	0.0050
Al	约 0.0000	—	0.0150	0.0300	H	约 0.0004	—	—	0.0003
B	约 0.0001	—	—	0.0050	O	约 0.0400	—	—	0.0005

（2）概要（图 4 - 9）。在此界面下，软件给定操作者需要达到的各项指标，包括精炼时间、目标钢水温度、目标钢水成分、目标钢水纯净度水平及需要放置的铸机类型，操作者要记录这些信息，以便准确地完成整个模拟过程。

尤其值得注意的是右侧的钢水成分信息，其中第一列数据为精炼前初始钢水的成分，包括 C、Si、Mn、P、S、Al、H、O 等金属及非金属元素的含量，第四列及第三列数据分别为目标钢水的上、下限值（成分范围），第二列数据为目标钢水成分的中限值。

$$中限值 = \frac{上限值 + 下限值}{2}$$

■ 概要　　　　　　　　　　　　　　　　　　　　　　　　　　　　　　　　　smStep 3

选择钢种
目标为普通建筑用钢
钢包装入钢水量
~ 100000kg
需要的纯净度水平
中等
需要钢包的地方
大方坯铸机

连铸机多长时间后需要钢包
1 hr 4 mins ±5 mins.
目标出钢温度
~ 1650℃
在铸机上的目标温度
1530-1540℃

START_SIMULATION ●

	装入合金	目标合金水平		合金含量最小值	合金含量最大值
C	~0.0500	0.1450	✗	0.1300	0.1600
Si	~0.0000	0.2000	✗	0.1500	0.2500
Mn	~0.1200	1.4000	✗	1.3000	1.5000
P	~0.0170	-	✓	-	0.0250
S	~0.0150	-	✓	-	0.0200
Cr	~0.0100	-	✓	-	0.1000
Al	~0.0000	0.0350	✗	0.0250	0.0450
B	~0.0001	-	✓	-	0.0005
Ni	~0.0100	-	✓	-	0.1500
Nb	~0.0000	0.0420	✗	0.0350	0.0500
Ti	~0.0000	-	✓	-	0.0100
V	~0.0000	-	✓	-	0.0100
Mo	~0.0020	-	✓	-	0.0400
Ca	~0.0000	-	✓	-	-
N	~0.0030	-	✓	-	0.0050
H	~0.0003	-	✓	-	0.0005
O	~0.0400	-	✗	-	0.0010

图4-9　概要界面

这些数值都是用百分数计数法表示的，如钢水的初始碳含量为0.0500%，目标钢水的碳含量的上、中、下限值分别为0.1300%、0.1450%、0.1600%。

操作者应清楚精炼前钢水成分及目标钢种要求的成分指标，通过计算确定理论的元素添加量。例如：初始钢水的碳含量为0.0500%，目标钢水的碳含量范围为0.1300% ~ 0.1600%，取目标钢水中限值0.1450%，为了满足目标钢水碳含量要求，需在模拟过程中：

加入的单质碳质量 = 钢包装入钢水量 × （目标钢水中限值 – 初始钢水碳含量）

= 100000kg × （0.1450% – 0.0500%）

= 95kg

其他金属元素如Si、Mn、Nb、Al均按以上方法加以计算得出元素添加量。

在元素成分中，操作者会发现氧是需要脱除的有害元素，如果选择铝做脱氧剂的话，铝会与氧结合生成Al_2O_3夹杂，铝是一种强脱氧剂，通过下列反应来控制钢液中氧活度：

$$2[Al] + 3[O] \Longrightarrow (Al_2O_3)$$

此反应为放热反应。

脱氧所需的铝的质量分数计算式如下：

$$w(Al)_{deox} = \frac{54}{48}w([O])_{initial}$$

当计算需要加入铝的总量时，要考虑到钢液中残留（目标）铝的含量。

[例] 250t钢液，氧含量为0.045%，出钢时用铝脱氧。假设铝的收得率为60%，目

标铝成分为 0.04% ，计算含铝 98% 的铝合金的加入量。

脱氧所用的铝	$(54/48) \times 0.045\% = 0.051\%$
+ 目标铝含量	$+ 0.040\%$
= 所需的总铝含量	$= 0.091\%$

铝合金加入量：

$$m_{Al} = \frac{100\% \times 0.091\% \times 250000kg}{98\% \times 60\%} = 386kg$$

4.6.2 模拟过程控制

继续模拟过程进入到模拟操作界面，如图 4 - 10 所示。

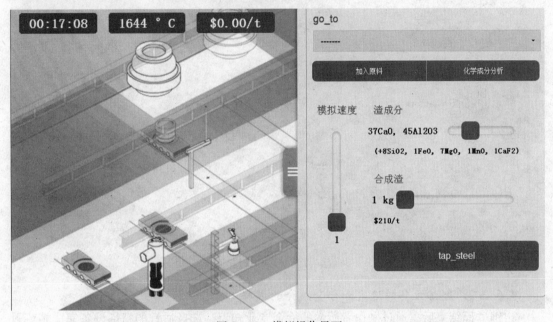

图 4 - 10 模拟操作界面

在界面左上方显示的信息依次为：

用去时间——记录从模拟开始后的时间。格式为 HH：MM：SS。

目前的钢液温度——单位：℃。

目前的精炼成本——单位： $/t。

屏幕的右方为操作信息输入界面，为了完成整个模拟过程，操作者需按照以下步骤依次进行。

4.6.2.1 LF 精炼渣的选择

LF 精炼渣的基本功能：深脱硫；深脱氧、起泡埋弧；去非金属夹杂，净化钢液；改变夹杂物形态；防止钢液二次氧化和保温。精炼渣以 CaO - CaF$_2$、CaO - Al$_2$O$_3$ - SiO$_2$ 为主要成分，一般渣量为钢液的 2% ~4% ，渣吸附和溶解钢液中氧化物，达到脱氧效果。在炉外精炼过程中，通过合理地造渣，可以达到脱硫、脱氧、脱磷甚至脱氮的目的；可以吸收钢中的夹杂物；可以控制夹杂物形态；可以形成泡沫渣淹没电弧，提高热效率，减少耐火材料侵蚀。

本模拟中采用的精炼渣系为 $CaO - SiO_2 - Al_2O_3$ 系炉渣，通过保持熔渣良好的流动性和较高的渣温，保证脱硫、脱氧效果。如果目标钢种为管线钢，需要深脱硫则要添加适宜成分及含量的精炼渣，其他对硫成分无苛刻要求的钢种不需要添加精炼渣。

选择好精炼渣后点击"Tap_steel"从转炉中出钢，在出钢前，可将模拟速度调高以缩短模拟时间，模拟速度可在 1~32 倍间调节。图 4-11 为出钢过程。

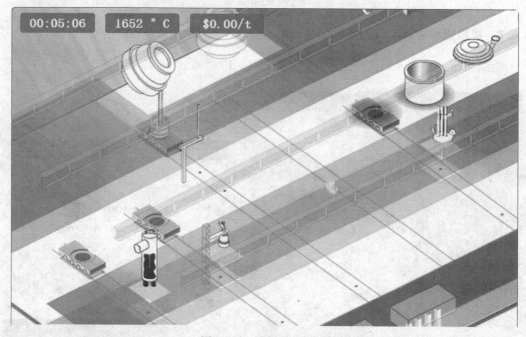

图 4-11　出钢过程界面

4.6.2.2　精炼设备的选定和合金成分的调整

出钢过程结束后，通过操作者所学的冶金专业知识，选择适宜的精炼设备完成精炼过程。精炼过程中可选择不同的精炼设备进行精炼操作，在精炼前需根据不同装置的冶金功能制定选择合理的一种或几种精炼完成目标钢种的精炼过程，同时满足钢液成分及温度的要求。特别应该注意几种特殊杂质的去除特性：

（1）脱氧。铝是强脱氧剂，可实现深度脱氧，且脱氧效率很高。计算总铝加入量时，必须考虑到钢液中的残余铝。脱氧后钢液继续冷却，铝-氧平衡也会降低。这意味着 Al、O 将会继续反应，生成小的 Al_2O_3，要确保这种夹杂物能够上浮，否则就会卷入铸坯中。

（2）脱碳。超低碳钢需要将碳含量脱除到较低水平，一般需利用 RH 装置。

（3）脱硫。对于有些钢种，比如用于输送油和天然气的管线钢要求超低硫。钢包内脱硫用下式表示：

$$3(CaO) + 2[Al] + 3[S] \longrightarrow 3(CaS) + (Al_2O_3)$$

脱硫有下面几项要点：

1）出钢过程加入 CaO 基合成渣脱硫。确定要加入的渣量。加入的量越多可能脱除的硫越多，但需要考虑渣的成本。

2）铝将钢中氧活度降至很低。

①在钢包搅拌脱气之前，钢液必须由铝完全脱氧。

②强烈搅拌钢液，使钢渣充分接触。

3）脱硫是由液态质量传递控制的。

为实现快速脱硫，必须要求渣钢间充分混合。需要在钢包脱气装置内真空条件下大氩气量喷吹。

如果选定精炼设备后，可在 go_to 条目栏中下拉选定，此时钢包炉由天车或行车从出钢工位运送到指定的精炼设备工位，如图 4 – 12 所示。

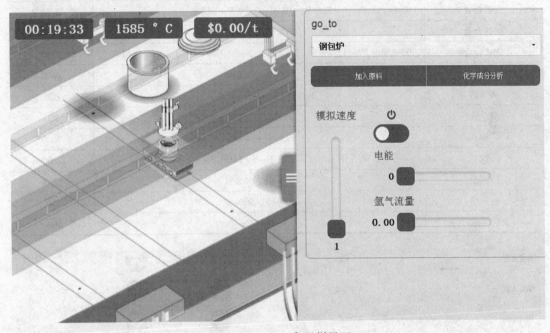

图 4 – 12　go_to 条目栏界面

在精炼设备中，可进行钢液成分的微调，钢包在精炼工位上就位后，可点击"加入原料"，弹出图 4 – 13 显示的界面。界面中显示的是可加入的调节成分的原料。

大多数情况下，从实用和经济方面考虑，一般是加入主要的合金而不是加入纯物质（主要合金一般包含两种或两种以上的元素，如锰铁、硅锰合金等）。在这种情况下，要考虑到所需元素在合金中含量以及合金的收得率问题。表 4 – 6 为可加入合金的成分及成本信息，表 4 – 7 为合金元素在不同精炼设备中的收得率。

表 4 – 6　添加剂的成分及成本

种　类	成　分	价格/美元·t⁻¹
增碳剂	98% C + Fe bal.	280
高碳锰铁	76.5% Mn, 6.7% C, 1% Si, 0.03% S, 0.3% P + Fe bal.	490
低碳锰铁	81.5% Mn, 0.85% C, 0.5% Si, 0.1% S, 0.25% P + Fe bal.	840
铁锰合金（高纯净度）	49% Mn + Fe bal.	1820
硅　锰	60% Mn, 30% Si, 0.5% C, 0.08% P, 0.08% S + Fe bal.	560

种　类	成　分	价格/美元·t^{-1}
硅铁75％25	75％Si，1.5％Al，0.15％C，0.5％Mn，0.2％Ca＋Fe bal.	770
硅铁75％25（高纯净度）	75％Si，0.06％Al，0.2％Mn，0.02％C＋Fe bal.	840
硅铁45％25	45％Si，2％Al，0.2％C，1％Mn，0.5％Cr＋Fe bal.	630
高碳铬铁	66.5％Cr，6.4％C＋Fe bal.	1260
铝　线	98％Al＋Fe bal.	2100
铝　粒	98％Al＋Fe bal.	1400
硼铁合金	20％B，3％Si，0.2％P＋Fe bal.	3780
钼铁合金	70％Mo＋Fe bal.	16800
铌铁合金	63％Nb，2％Al，2％Si，2％Ti，0.2％C，0.2％S，0.2％P＋Fe bal.	9800
钒铁合金	50％V＋Fe bal.	8400
磷　铁	26％P，1.5％Si＋Fe bal.	630
硫　铁	28％S＋Fe bal.	700
镍	99％Ni＋Fe bal.	7000
钛	99％Ti＋Fe bal.	2800
硅钙粉	50％Ca，50％Si	1218
硅钙线	50％Ca，50％Si	1540
钙　丸	100％Ca	5600

硼铁合金	$3780/t		0		$0
钼铁合金	$16800/t		0		$0
铌铁合金	$9800/t		0		$0
钒铁合金	$8400/t		0		$0
磷铁	$630/t		0		$0
镍	$7000/t		0		$0
钛	$2800/t		0		$0
硅钙粉	$1218/t		0		$0
硅钙线	$1540/t		0		$0
钙丸	$5600/t		0		$0
合计					$0

重置　订原料

图4－13　加入原料界面

表 4 - 7　合金元素在不同精炼设备中的收得率

元素	在脱气站，LF炉和 CAS - OB 处的平均 合金元素收得率/%	在转炉或氩站的平均 合金元素收得率/%	元素	在脱气站，LF炉和 CAS - OB 处的平均 合金元素收得率/%	在转炉或氩站的平均 合金元素收得率/%
C	95	66	Ti	90	63
Mn	95	66	V	100	70
Si	98	69	Mo	100	70
S	80	56	As	100	70
P	98	69	Ca	15	10
Cr	99	69	O	100	70
Al	90	63	N	40	28
B	100	70	H	100	70
Ni	100	70	Fe	100	70
Nb	100	70			

技术要点：当在真空（钢包脱气）或氩气保护（LF炉和 CAS - OB）状态下合金元素的收得率会变高，会减少合金加入量，降低成本。然而，设备所增加的成本抵消了因合金元素收得率增加的成本，因此总的规则是，当加入较贵重的合金时，例如 FeNb、FeMo 等，就更需要采取气体保护。

[例]　在钢水出钢时，250t 钢水中锰含量为 0.12%，计算应该加入多少高碳锰铁可以得到 1.4% 的锰含量。从表 4 - 5 可以看到高碳锰铁含锰 76.5%。典型工况下锰的收得率为 95%，代入可以得出加入高碳锰铁的量为：

$$m_{HCFeMn} = \frac{100\% \times (1.4 - 0.12)\% \times 250000 kg}{76.5\% \times 95\%} = 4403 kg$$

主要合金一般包含两种或两种以上的元素，必须考虑到该合金的加入对钢水中其他组元成分的影响。如在前面例子中高碳锰铁的加入不但提高了钢水中锰元素的含量，也增加了钢水中总碳的含量。元素的增量计算公式为：

$$\Delta w(X) = \frac{m_{additive} \times 主要合金中某元素含量 w(X) \times 该元素的收得率 x}{100 \times 钢水重量}$$

4.6.2.3　温度的控制

为了使钢包以合理的温度到达铸机，计算不同工艺下的钢水温度显得很重要。

（1）出钢：在出钢过程中钢水温度会下降 60℃ 左右（为了节省时间，在模拟的过程中加快了出钢速度）。

（2）在正常情况下，比如钢包移动和停滞，钢水自然温降为 0.5℃/min。

（3）对于大多数合金来说，平均每加入 1000kg 合金钢水温度降低 6℃。

（4）铝脱氧是放热反应，100kg 铝氧化能使钢水温度升高 12℃。可以在循环脱气或 CAS - OB 下喂入铝丝，对钢水进行化学加热，100kg 铝氧化能使钢水温度升高 12℃。

（5）氩气搅拌钢水时温降为 1.5℃/min 左右，具体与氩量有关。

（6）RH、VD 处理钢水冷却速度为 1.0℃/min。

（7）在 LF 过程中可以用电对钢水进行加热。满功率运行时，升温速率为 3℃/min。

仔细计算从转炉到铸机所用的时间，加入合金而造成的温降以及由于再加热（电或者化学加热）使温度的升高，能够计算出钢水到铸机时刻的温度。

4.6.2.4　成本控制

（1）满足成分合格情况下用价格低的合金。

（2）脱硫合成渣料按脱硫要求的上限控制，配合足够时间吹氩可减少加入量，相同条件下 TD 比 RH 脱硫效率高，但成本高。

4.6.2.5　各精炼设备的操作

A　氩站控制面板（F）

一旦钢包就位，点击氧枪使它降到钢包内。自动弹出一个对话框，可以控制氩气流速。氩站的各项花费如下：

（1）每标准立方米氩气消耗为 $0.60（例如，吹气流速为 $1.0m^3/min$（标态）时吹气 1min 花费 $0.60）。

（2）氧枪折旧 $5.70/min。

B　循环脱气控制面板（D）

一旦钢包就位，点击脱气装置使其降到钢包内，脱气自动开始。自动弹出一个对话框允许操作者对吹氩进行控制。

运行脱气装置的成本为每分钟 $7.75，钢水冷却速度增加到约 1.0℃/min，再次点击脱气装置停止脱气。

C　CAS－OB 控制面板（C）

一旦钢包进站，点击 CAS－OB 装置降下。自动弹出对话框，使操作者能够通过滑块控制氩气流量。与 CAS－OB 相关的各项成本如下：

（1）使用费用为每分钟 $30。

（2）每标准立方米氩气消耗为 $0.60（例如，吹气流速为 $1.0m^3/min$（标态）时吹气 1min 花费 $0.60）。

D　吹氩站控制面板（L）

一旦钢包进站，点击降低钢包盖。自动弹出对话框，使操作者能够通过两个滑块选择供电功率和氩气流量。相关各项成本如下：

（1）以最大功率 20MW 供电时，每分钟成本为 $16.60（小功率供电的成本较小）。

（2）最大功率下平均每分钟电极消耗成本为 $5.90（小功率供电的成本较小）。

（3）每标准立方米氩气消耗为 $0.60（例如，吹气流速为 $1.0m^3/min$（标态）时吹气 1min 花费 $0.60）。

E　钢包脱气装置控制面板（T）

和其他精炼工艺操作相同，用钢包车来运送钢包。钢包脱气装置需要用天车将钢包吊入脱气室。在这之前先点击移去脱气室的盖子。当钢包进入脱气室，再次点击盖上脱气室的盖子。自动弹出对话框，操作者可以通过两个滑块设置需要的真空度和氩气流量。相关花费如下：

（1）真空状态下耐材和其他消耗成本为 $10。

（2）每标准立方米氩气消耗为 $0.60（例如，吹气流速为 $1.0m^3/min$（标态）时吹气 1min 花费 $0.60）。

4.7　模拟结果反馈

在精炼设备中完成了温度、成分、夹杂物含量的调整后，如果在系统允许的时间内可利用"go_to"按钮，系统会利用天车将钢包运送到制定的铸机上，如图 4-14 所示。

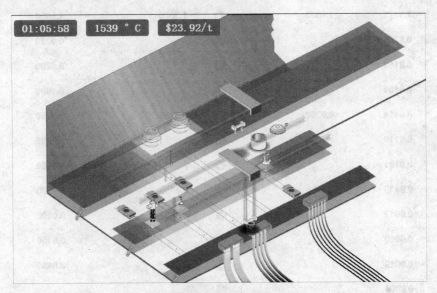

图 4-14　天车将钢包运送到制定铸机上

此时整个模拟过程结束，系统会将模拟结果反馈给操作者，如图 4-15 所示。

Results

总结结果				
用户的水平				目标成分
大学生				
钢种	时间	01H:05M	✓	01H:01M +/-5M
目标为普通建筑用钢	温度	1539℃	✓	1530-1540℃
事件记录	夹杂物	非常低	✓	中等
	铸机	大方坯铸机	✓	大方坯铸机
	总成本	23.92/t		

成分

图 4-15　模拟反馈结果

此界面会显示时间、温度、夹杂物水平及铸机类型等多项生产指标，某一项模拟指标合格后，会有绿色的对号出现，说明冶炼成功。图 4 – 15 显示的每项指标都是合格的，否则会有红色的叉号提示。总成本表示此次精炼所消耗的费用。

如果想查看目标钢液的成分，需点击"成分"，此时界面显示如图 4 – 16 所示。

	装入合金	目标合金水平		合金含量最小值	合金含量最大值
C	0.1661	0.1450	✖	0.1300	0.1600
Si	0.2128	0.2000	✔	0.1500	0.2500
Mn	1.1371	1.4000	✖	1.3000	1.5000
P	0.0201	-	✔	-	0.0250
S	0.0159	-	✔	-	0.0200
Cr	0.0101	-	✔	-	0.1000
Al	0.0414	0.0350	✔	0.0250	0.0450
B	0.0119	-	✖	-	0.0005
Ni	0.0101	-	✔	-	0.1500
Nb	0.0435	0.0420	✔	0.0350	0.0500
Ti	0.0012	-	✔	-	0.0100
V	0.0000	-	✔	-	0.0100
Mo	0.0019	-	✔	-	0.0400
Ca	0.0001	-	✔	-	-
N	0.0030	-	✔	-	0.0050
H	0.0003	-	✔	-	0.0005
O	0.0002	-	✔	-	0.0010

图 4 – 16　精炼后钢液成分分析界面

首个数值表示精炼后钢水的实际成分，后面的数值为模拟冶炼应达到的目标钢种的成分范围，绿色为成分合格，其他颜色均表示该成分不符合精炼要求。图 4 – 16 显示 C、Mn、B 含量不合格，需要在下一次精炼过程加以调整。如果所有成分均合格，则需考虑如何调整合金添加量以降低精炼成本。

4.8　二次精炼模拟实例

本指导书仅提示基本操作步骤，未考虑成本因素，用户需要在熟悉操作流程后，通过自己的思考来设计更优化的参数以达到降低成本的目的。

以管线钢为例：

（1）选择大学生水平，进入下一屏。

（2）选择"管线钢"，进入下一屏。

（3）开始模拟。

（4）选择 CaO 渣"最大值"（45% CaO），选择合成渣 2800kg。

（5）出钢完成后，将钢包车移出，用行车将钢包吊至 LF 炉。

（6）开始加料，铝粒 300kg。

（7）不需通电或搅拌，加合金：Recarburiser 50t，高纯度 Ferro - Manganese 5000kg，Ferro - Silicecarburiser 610kg，Ferro - Niobium 60kg，Calcium - Silicon Powder 100kg。

（8）升温至 1625℃，打开炉盖，将钢包车运至 VD 脱气。

（9）关闭真空盖，选择最高真空和吹氩速度。

（10）脱气 30min，打开真空盖。

（11）观察时间、温度并判断钢水温度是否适合铸造，如果不能满足要求，将钢包运回钢包炉加热至所需温度。

（12）将钢包运至板坯铸机，钢水温度必须满足连铸所要求的温度范围。

4.9 成绩考核及评分标准

（1）考核结果按分数记，熟悉模拟过程中各种精炼设备的原理及冶金功能，分值为基础分 15 分 + 奖励分（≤5 分，视熟悉程度而定）。

（2）两人一小组，一人进行配料计算，一人进行模拟操作，按照仿真程序及指导教师的具体要求完成精炼模拟冶炼模块，反馈结果中成分合格的可得 20 分，其余每项反馈结果合格的可得 10 分。

（3）模拟完成后，针对目标钢种的特性进行精炼过程总结，对模拟过程采用的精炼工艺及设备进行可行性分析，分值为基础分 15 分 + 奖励分（≤5 分，视熟悉程度而定）。

（4）冶炼成本最低者可加 10 分，冶炼成本低于平均冶炼成本（包括所有参与考核者的平均成本）可加 5 分。

5　连续铸钢模拟

5.1　模拟的目的

连铸是钢液连续地凝固成铸坯的过程。根据铸坯尺寸的不同，这些半成品分别称为板坯、大方坯和小方坯。本章的目的是让学生紧紧围绕连续铸钢仿真模拟任务，进一步综合强化在理论课程中所学习的基础理论、基本知识和基本技能，通过钢铁大学网站下的连续铸钢进行模拟操作（http：//www. steeluniversity. org/），浇注出成分合格的钢种，并满足其他各项技术经济指标的要求。

5.2　模拟的任务

（1）模拟前下载学习连续铸钢用户模拟指南，熟悉模拟过程中如何选择、设置各种数据、参数。

（2）进行网站下连铸模拟操作，成功模拟产生的反馈结果将作为成绩评判的依据。

5.3　模拟的目标

这个模拟的目标是成功地连续浇注3包钢水，但必须满足特定的表面质量、内部质量和夹杂物的标准。操作者也应该尽量减少整个操作的成本。

在浇注之前，操作者需要仔细选择各种参数，例如：钢种、目标浇注速度、二次冷却、结晶器振动等，选择以上参数后，操作者的任务是连续浇注来自于精炼车间的3包钢水，操作者需要确定钢水的温度和估计到达的时间。模拟开始以后，操作者可以控制钢水在钢包、中间包和结晶器之间的流动。铸坯出连铸机后，操作者可以用火焰将其切割成规定的长度。任何时候都要防止结晶器漏钢。

5.4　目标钢种

本模拟使用3种不同类型的连铸机，它们是板坯、大方坯和小方坯连铸机。

生产4种不同的钢种：

（1）通用的建筑用钢是一种对裂纹敏感的钢种，建筑用钢使用大方坯连铸机生产，截面尺寸为250mm×250mm，夹杂物含量要求中等，不允许有任何质量方面的问题。

（2）含TiNb的超低碳钢是一种对黏结敏感的钢种，主要用于生产汽车车身部件，为了优化其成型性能，碳含量小于0.0035%。该钢种用板坯连铸机生产，断面尺寸为

1200mm×230mm。为了满足该钢种对洁净度的要求，必须使夹杂物含量保持在很低的水平。

（3）用于输气的管线钢是市场需求旺盛的产品，它具有高强度、高韧性的特点，而且夹杂物的含量（S、P、H、O 和 N）很低。本钢种的需求量很大，使用板坯连铸机进行生产，断面尺寸为 1200mm × 230mm。根据成分的不同，这种钢种可能对裂纹敏感（包晶钢），也可能对黏结敏感（亚包晶钢）。

（4）工程用钢是一种热处理的低合金钢，用小方坯连铸机高拉速生产，其断面尺寸为 130mm × 130mm。

目标钢种成分如表5-1所示。不同连铸机的规格及铸坯的规格列入表5-2中。

表5-1　目标钢种成分　（%）

元素	建筑用钢	车身用含 TiNb 超低碳钢	管线钢	工程用钢	元素	建筑用钢	车身用含 TiNb 超低碳钢	管线钢	工程用钢
C	0.1450	0.0030	0.0700	0.4150	Nb	0.0500	0.0200	0.0150	0.0000
Si	0.2000	0.2100	0.1800	0.4000	Ti	<0.0100	0.0300	<0.0100	0.0000
Mn	1.4000	0.7500	1.0500	0.7500	V	<0.0100		<0.0100	0.0100
P	<0.0250	0.0650	<0.0120	0.0350	Mo	<0.0400	<0.0100	<0.0100	0.2250
S	<0.0200	<0.0120	<0.0030	0.0350	As	—	<0.0010	—	0.0000
Cr	<0.1000	<0.0500	<0.0600	1.0500	Ca	—	—	<0.0050	0.0000
Al	0.0350	0.0450	0.0300	0.0225	N	<0.0050	<0.0040	<0.0045	0.0050
B	<0.0005	0.0030	<0.0050	0.0050	H	<0.0005	<0.0005	<0.0002	0.0002
Ni	<0.1500	<0.0800	<0.0500	0.3000	O	<0.0010	<0.0005	<0.0007	0.0005

表5-2　铸机及铸坯规格

铸机类型	板坯	大方坯	小方坯
钢种	管线钢、超低碳钢	建筑用钢	工程用钢
钢包大小/t	250	100	100
半径/m	9	12	8
流数	2	5	6
浇注速度/m·min^{-1}	1.0~2.0	1.2~1.8	3~5
横截面尺寸/mm	1200 × 230	250 × 250	130 × 130
典型用途	板材，如厚板、薄板、钢卷	长材，如棒材、板桩	长材，如棒材、线材、槽钢
辊间距（第Ⅰ段）/mm	202（35 辊在 45°）		
辊间距（第Ⅱ段）/mm	283（25 辊在 45°）		
弯曲/矫直半径/mm	$R_{56}=9$，$R_{57}=11.3$，$R_{58}=15$，$R_{59}=22.6$，$R_{60}=45.2$		

5.5 制定计划

从整个连铸工艺来看，为保证铸坯质量，降低生产成本，在连铸模拟过程中，需要注意以下几个参数的设定。

5.5.1 目标浇注速度和冷却水流量

参数设定界面如图 5 - 1 所示。

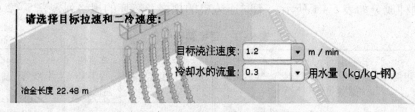

图 5 - 1 参数设定界面

目标浇注速度（target casting speed）和冷却水流量（cooling water flow rate）的正确组合是最为重要的。这种选择在浇注的过程中会影响许多参数，是获得高质量铸坯的关键。冷却水流量（cooling water flow rate）影响铸坯在二冷区表面温度分布、铸坯裂纹和偏析。在浇注过程中，为了降低成本，应在保证铸坯质量的前提下，尽量采用高拉速进行连铸。

5.5.2 结晶器振动参数和保护渣

参数设定界面如图 5 - 2 所示。

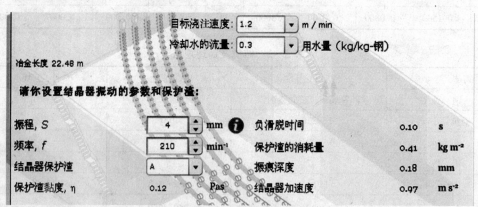

图 5 - 2 参数设定界面

参数设定主要包括：

（1）振动参数的选取。主要设置的振动参数有：

1）振程 S：通常振程的范围为 3 ~ 10mm。

2）频率 f：常用的结晶器振动的频率为 100 ~ 250 次/min。

振动参数的变化影响负滑脱时间、振痕深度、保护渣的消耗及结晶器加速度。通过增加振程，负滑脱时间成比例增加，相应地，振痕深度和保护渣的消耗也增加。随着振动频率的提高，负滑脱时间减少，因而铸坯的振痕深度和保护渣的消耗也减少。

模拟过程中，应注意尽管结晶器的振动对连铸过程必不可少，但它也使铸坯出现振痕，降低了铸坯的表面质量。为了使振痕深度最浅，必须合理优化振动参数的设置。负滑脱时间应该尽量接近 0.11s，另外还要和适当的振程相结合，才能尽可能减小振痕的深度。超低碳钢的最大振痕深度不能超过 0.25mm，而其他钢种为 0.60mm。此外，还应使结晶器加速度小于 $1m/s^2$，否则，不能进行下一步的设置。

（2）保护渣类型选取。结晶器保护渣是合成渣，在浇注的过程中要连续地加入到钢水的表面上。保护渣在结晶器中的一个重要功能就是控制结晶器内的冷却传热过程。不同钢种所要求的冷却强度不一样，因此选择合理类型的保护渣很关键。

因此，对于模拟实验钢种，选用的合理的保护渣类型：1）通用的建筑用钢：A\B 型；2）含 TiNb 的超低碳钢：C 型；3）输气的管线钢：C\D 型；4）工程用钢：E 型。

5.5.3 单包钢水温度及到达连铸平台时间

浇注开始时，第一包钢水已放在中间包上面，但另两包钢水要间隔一定周期才到来。操作者需要选择 3 包钢水到达连铸机时的温度，还要估计后两包钢水到达连铸机的时间，参数设定如图 5-3 所示。

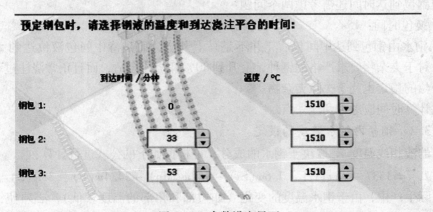

图 5-3 参数设定界面

5.5.3.1 时间设定

操作者应该调整第二包钢水到达连铸机的时间，使第二包钢水到达的时候，第一包钢水正好浇完。钢包到达时间过早，会导致钢水冷却，在浇注中会因温度低于液相线而凝固；到达时间过迟，会导致中间包内钢水液面过低，保护渣不能充分起到作用而使铸坯夹杂物含量过高。所以在整个连铸过程中，时间和温度在实际模拟中把握较为困难，所以对其的计算也尤为重要。只有在周密的计算后才能使前一包钢水铸完下一包钢水刚好到达，整个浇注过程各个容器液面得以稳定地控制在合适高度，产出的铸坯才能品质优良稳定。

在进行模拟之前，根据钢包容量、拉坯速度、铸坯断面大小确定钢包到达时间。每流每分钟浇注的钢水体积（m^3/min）可由以下公式求得：

$$V = w \cdot t \cdot v_c$$

式中 w——铸坯宽度，m；

t——铸坯厚度，m；

v_c——浇注速度，m/min。

所以，一个中间包每分钟所浇注钢水量（kg/min）可由以下公式求得：

$$M_T = n \cdot \rho_{liq} \cdot w \cdot t \cdot v_c$$

式中 n——流数；

     ρ_{liq}——钢水的密度，$\rho_{liq} = 7400 kg/m^3$。

稳定浇注（即保持一定的拉速）的情况下，排空一包钢水到预定液面所需时间（min）可由以下公式计算：

$$\tau = \frac{m_{ladle}}{M_T} = \frac{m_{ladle}}{n \cdot \rho_{liq} \cdot w \cdot t \cdot v_c}$$

式中 m_{ladle}——钢包内准备进行浇注的钢水量，kg。注意：当滑动水口检测到炉渣时，浇注自动停止，通常这时的残钢为5%。

[例] 要用双流板坯连铸机浇注管线钢，铸坯的断面尺寸为1500mm×200mm。浇注速度为1.8m/min，连铸机所用的钢水由200t的钢包提供。假设在残钢降低到5%时停浇，计算浇注这包钢水所需要的时间（min）。

$$\tau = \frac{200000 \times 0.95}{2 \times 7400 \times 1.5 \times 0.2 \times 1.8} = 23.8$$

设定钢包到达时间还需考虑两个问题：

（1）换包时间：15s。

（2）钢水由钢包到达中间包后，并不是马上开浇，而是待中间包液位达到50%之后再开浇；对于夹杂物要求严格的钢种，上升到80%开浇才合适，而且正常浇注过程中维持中间包液位的稳定也利于去除夹杂物。

因此计算时间应考虑到这一点。

5.5.3.2 钢包内钢水温度的设定

钢水的液相线温度 T_{liq} 取决于钢水的成分，可根据如下的公式进行计算：

$$T_{liq} = 1537 - 78w(C) - 7.6w(Si) - 4.9w(Mn) - 34.4w(P) - 38w(S)$$

在实际生产中，由于钢水温度的变化（如边部和角部的温度较低），必须使钢水的温度高于液相线温度。钢水实际温度和液相线温度的差称为过热度。为了避免钢水冻住，应该使钢水的过热度大于10℃。

此外，钢包内钢水的降温速度定为0.5℃/min，钢包到中间包的时间内引起的钢水温降也应加以考虑。

5.5.4 模拟过程控制

模拟炼钢车间设置如图5-4所示。

对连铸的操作进行各种设定后，操作者可以开始浇注了。操作者的目标是控制钢水从大包到中间包、到结晶器的流动过程，以保持选择的浇注速度，并获得良好质量的铸坯。操作者还需要更换钢包、检查辊子是否对中不良，并将铸坯切成所需的尺寸。

5.5.4.1 钢包回转台控制

钢包回转台可以通过按"旋转"按钮来进行旋转。钢包回转台上没有钢包或者回转台正在旋转的过程中，这两种情况下钢包回转台都不能进行旋转。

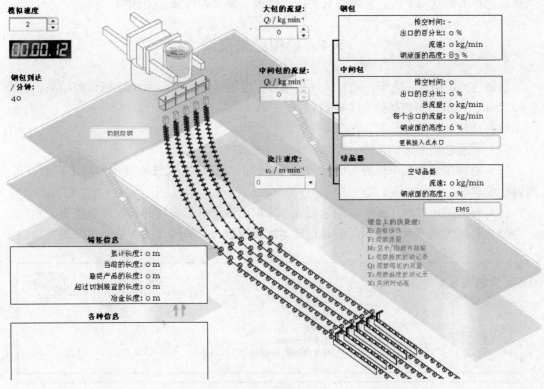

图 5-4　主模拟屏幕

5.5.4.2　钢包和中间包流量控制

浇注时先设置合适的大包流量，当中间包液面达到一定高度时可以设置中间包流量，当结晶器液面达到一定高度可以选择浇注速度（图 5-4 右上角的三个边框里变化的数字要随时关注）。

从钢包进入中间包或从中间包流出的钢流可以通过标有"钢包流速"的数字步进装置进行控制。钢包流速的控制精度为 100kg/min。从中间包向结晶器流出钢流的速度控制精度为 25kg/min。

5.5.4.3　浇注速度控制

浇注速度通过标有"浇注速度"的下拉菜单的选项来进行控制。前面标有' * '的选项适用于开浇过程。请注意，只有在选择了有效的浇注速度（即没有标注' * '的浇注速度）后，所浇注的铸坯才能满足质量的标准。

5.5.4.4　电磁搅拌系统（EMS，仅用于大方坯和小方坯连铸机）控制

大方坯和小方坯连铸机可以使用电磁搅拌系统（EMS）。使用 EMS 减少了铸坯的偏析，因而改善了铸坯的内部质量。如果操作者在达到偏析的质量要求方面有困难，请尝试使用 EMS 进行浇注。按下"EMS"按钮会打开或关闭它。当 EMS 按钮处于打开状态时，按钮的边沿处于明亮状态。

5.5.4.5　软压下（仅限于板坯连铸机）控制

在浇注的过程中点击"软压下"下拉菜单，可以改变软压下的数值。软压下菜单位于

用暗红色标出的软压下区。它可以有关闭、低级、中级和高级 4 个选项。

5.6　模拟结果反馈

当最后一炉钢浇注完毕，而且铸坯出来后，模拟结束，将显示浇注操作的结果，如图 5-5 所示，模拟结果包括如下主要数据：

（1）浇注铸坯的总长度，单位是米。

（2）质量合格铸坯的长度，用米和% 两种方式表示。

（3）总操作成本，单位为美元，包括每小时的操作成本、修理辊子对中不良的成本、测温的成本等。

（4）每米铸坯成本，即用总的运行成本除以质量合格的铸坯的长度，单位为美元。

（5）每吨铸坯成本，即用总的运行成本除以质量合格的铸坯的质量，单位为美元。

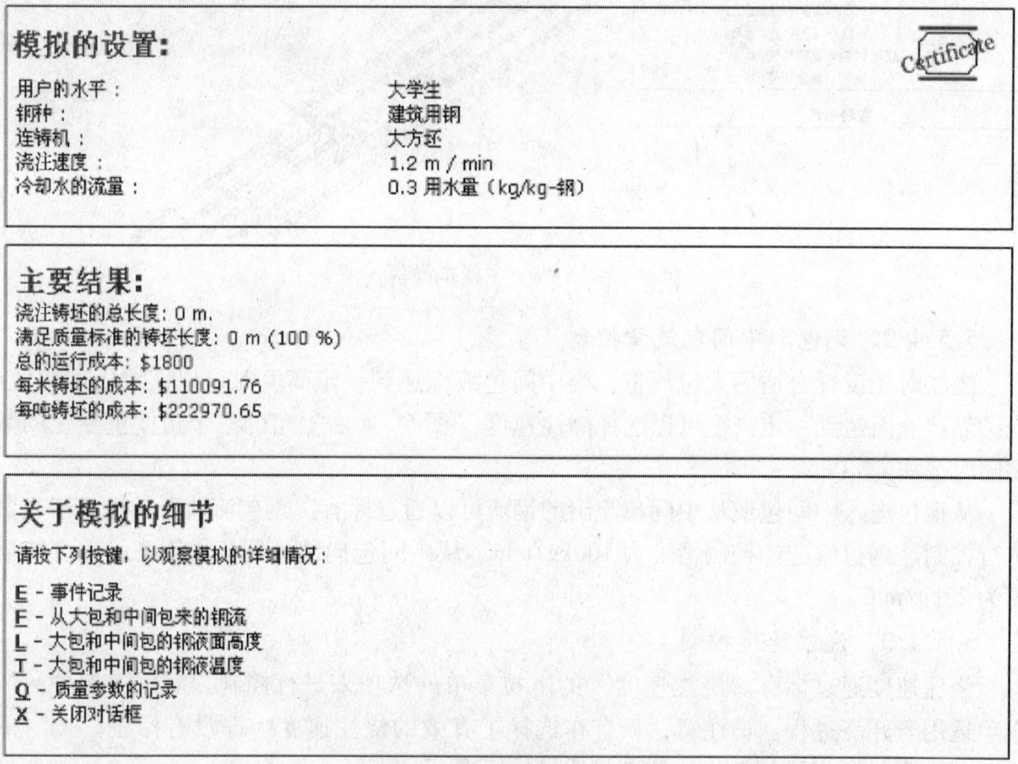

模拟的设置：

用户的水平：	大学生
钢种：	建筑用钢
连铸机：	大方坯
浇注速度：	1.2 m / min
冷却水的流量：	0.3 用水量（kg/kg-钢）

Certificate

主要结果：

浇注铸坯的总长度：0 m.
满足质量标准的铸坯长度：0 m（100 %）
总的运行成本：$1800
每米铸坯的成本：$110091.76
每吨铸坯的成本：$222970.65

关于模拟的细节

请按下列按键，以观察模拟的详细情况：

E - 事件记录
F - 从大包和中间包来的钢流
L - 大包和中间包的钢液面高度
T - 大包和中间包的钢液温度
Q - 质量参数的记录
X - 关闭对话框

图 5-5　反馈结果

5.7　模拟实例

本指导书仅提示基本操作步骤，未考虑成本因素，用户需要在熟悉操作流程后，通过自己的思考来设计更优化的参数以达到降低成本的目的。

以管线钢为例：

（1）选择大学生水平，进入下一屏，选择管线钢，进入下一屏。

（2）选择铸造速度1.2m/min，冷却速度0.6kg water per kg steel，选择 Mold Powder C，选择 medium Soft Reduction。

（3）进入钢包到达命令屏，为钢包1选择温度1570℃，注意：可使用箭头按键，如果操作者直接将数值输入对话框，必须按 Enter。为钢包2选择温度1560℃，到达时间40min，为钢包3选择1560℃，到达时间80min。

（4）按"next"开始模拟，大包流量升至10000kg/min，模拟速度升至10（或更高），确保中间包液位70%左右，以防夹杂。

（5）将模拟速度调为1，以2450kg/min开始中间包至结晶器的浇注，待结晶器液位达80%左右，选择铸钢速度为1.2m/min，中间包液位达80%时，调大包流量至4900kg/min，以匹配中间包流量。

（6）模拟速度增至16并等待大包倒空，模拟速度调至2，转动钢包回转台将新大包就位，大包流速设置为最大直至中间包液位达80%，将钢包流量设置为4900kg/min。

（7）模拟速度设为6，等待至大包倒空，模拟速度设为2，旋转大包回转台。

（8）中间包液位达80%，大包流量调至4900kg/min。

（9）模拟速度设为16。

（10）观察铸流出铸机。

5.8 成绩考核及评分标准

（1）按照仿真程序及指导教师的具体要求完成连铸模拟冶炼模块。考核结果按分数记，每完成一炉钢的浇注可得20分。

（2）满足质量标准铸坯高于90%可加20分，满足质量标准铸坯高于80%可加10分。

（3）每段铸坯的定尺长度均满足规格要求的可加20分。

（4）冶炼成本最低者可加10分，冶炼成本低于平均冶炼成本（包括所有参与考核者的平均成本）可加5分。

6 高炉－转炉双联工艺模拟冶炼

6.1 模拟冶炼目的

钢铁大学的模拟程序不但可以进行特定的高炉、转炉、电炉、精炼及连铸某一独立模块的模拟冶炼练习，熟悉钢铁冶金生产流程的每一环节的操作工艺及设备，还可以将两个相衔接的工艺模块结合在一起进行模拟训练，某一工序的产品作为下一衔接工序的原料，即双联工艺模拟。目前可提供的模拟包括本章的高炉－转炉、转炉－精炼、电炉－精炼及精炼－连铸四个双联工艺模拟流程。这比进行单独冶金模块的冶炼过程要困难得多，更具挑战性，因而要求学生的冶金知识储备要更充分，同时也需要整个团队的协同合作。学生在这一环节的模拟中会意识到钢铁冶金的每一道工序既相对独立，又与上下工序紧密衔接，成为一个环环相扣的冶炼环节，要想实现成本的最优化及利润的最大化，不能单独注重单个工序的成本及效益，而要综合考虑，实现整体成本及操作的最优化，培养学生的团队协作意识。

6.2 模拟冶炼任务

冶炼的基本原理及操作与高炉模块及转炉模块相同，不同的是在转炉模块不采用系统设定的数据而导入前工序数据，进行转炉冶炼。如图 6－1 所示，即先使用高炉模拟生产出铁水，再用转炉模拟将铁水炼成能用于生产管线钢（超低碳钢或工程钢）的钢水。生产符合成分和温度范围且成本最低的钢水。

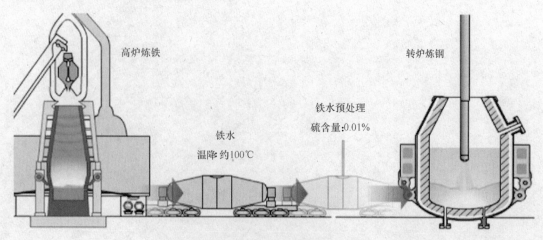

图 6－1 高炉－转炉模拟示意图

6.3　数据的载入

与单独进行转炉炼钢模拟不同，在本次模拟中需导入高炉冶炼得到的铁水数据，其选择界面如图6-2所示。点击"从前工序装入数据"就可在下拉菜单中得到操作者在高炉模块冶炼成功的铁水数据，选择某一炉次铁水，会得到该铁水的特定信息，如图6-3所示。

继续下一步的话，可利用此批次铁水冶炼系统给定的四种钢种的任一种，与单独运行模拟程序不同之处是原料选择界面，如图6-3所示。

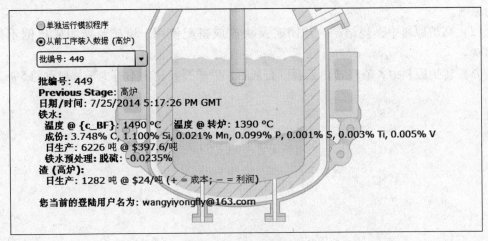

图6-2　数据装载界面

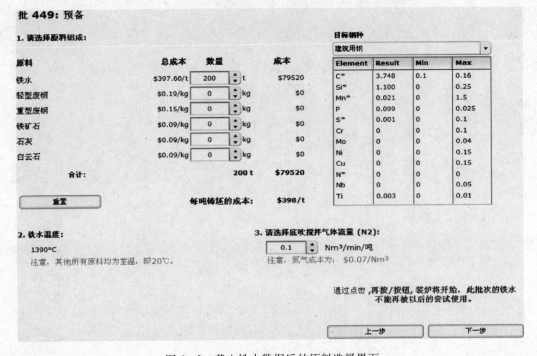

图6-3　载入铁水数据后的原料选择界面

操作者会发现在图6-3所示的界面，此时的铁水温度是无法改变的，而初始铁水成分为上工序所得到的铁水成分，而非单独运行模拟程序时系统给定的铁水成分，这为冶炼过程增加了一定难度。

6.4 成绩考核及评分标准

（1）二人为一冶炼小组，一人进行高炉模拟冶炼铁水，另一人利用高炉冶炼的铁水为原料进行转炉炼钢模拟，考核成绩以吨钢成本计算，成本核算包括铁水的成本，以成本最低为原则。

（2）高炉原料中，烧结矿、球团矿及块矿应搭配使用，块矿及球团矿比例不得超过20%。

（3）转炉原料中，渣料（白云石、石灰石、铁矿石）比例不得少于总料重的5%。

7 转炉（电炉）-二次精炼双联工艺模拟冶炼

7.1 模拟冶炼目标

转炉或电炉冶炼所得钢水均可用于二次精炼过程。本模拟的目标就是首先进行转炉（电炉）模拟过程，获得符合目标钢种要求的钢水，再在二次精炼模块将这些钢水加以精炼，其单个模块的操作与前面几章的讲述基本相同，需要注意的是转炉炼钢模块与精炼模块的衔接，如何设计炼钢路线使得到的目标钢种更有利于精炼过程，以使整个冶炼成本实现最低化。主要目标是培养学生注重冶炼工序紧密衔接及实现冶炼成本最优化的意识，同时，对学生的团队协作意识也提出了更高的要求。

7.2 数据的载入

与单独进行二次精炼模拟不同，在本次模拟中需导入转炉（电炉）冶炼得到的钢水数据，其选择界面如图7-1所示。点击"从前工序装入数据"就可在下拉菜单中得到操作者在转炉（电炉）模块冶炼成功的钢水数据，选择某一炉次钢水，会得到该钢水的特定信息，如图7-2所示。

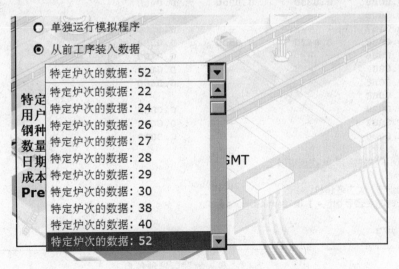

图7-1 数据装载界面

继续下一步的话，与单独运行模拟程序的显示界面不同，会直接进入如下的目标钢种信息界面（图7-3），这是因为在转炉（电炉）模拟时，操作者已经进行了钢种的选择，待精炼钢水特性已由操作者的前工序模拟确定，此时的钢种信息（图7-3）与单独运行

○ 单独运行模拟程序　　　　　　　　○ 单独运行模拟程序
◉ 从前工序装入数据　　　　　　　　◉ 从前工序装入数据
　　特定炉次的数据: 18　▼　　　　　　　特定炉次的数据: 52　▼

特定炉次的数据: 18　　　　　　　　特定炉次的数据: 52
用户的水平: 大学生　　　　　　　　用户的水平: 大学生
钢种: 目标为普通建筑用钢　　　　　钢种: 目标为普通建筑用钢
数量: 237.385 t　　　　　　　　　 数量: 89.87 t
日期: 10/29/2010 4:11:43 PM GMT　日期: 11/18/2010 2:11:08 PM GMT
成本: $47807　　　　　　　　　　　成本: $34392.91
Previous Stage: 转炉　　　　　　**Previous Stage:** 电炉

图 7-2　特定炉次信息

模拟程序时的钢种信息（图 7-4）有很大不同。

选择钢种: 目标为普通建筑用钢

钢包装入钢水量 ~237385 kg
目标出钢温度 ~1637 ℃
在铸机上的目标温度 1530-1540 ℃
需要的纯净度水平 中等

值	装入合金	目标合金水平		合金含量最小值	合金含量最大
C	~0.1016	0.1450	0.1300	0.1600	
Si	~0.0048	0.2000	0.1500	0.2500	
Mn	~0.3379	1.4000	1.3000	1.5000	
P	~0.0000	–	–	0.0250	
S	~0.0194	–	–	0.0200	
Cr	~0.0109	–	–	0.1000	
Al	~0.0000	0.0350	0.0250	0.0450	
B	~0.0000	–	–	0.0005	
Ni	~0.0167	–	–	0.1500	
Nb	~0.0000	0.0420	0.0350	0.0500	
Ti	~0.0006	–	–	0.0100	
V	~0.0002	–	–	0.0100	
Mo	~0.0058	–	–	0.0400	
Ca	~0.0000	–	–	–	
N	~0.0020	–	–	0.0050	
H	~0.0002	–	–	0.0005	
O	~0.0030	–	–	0.0010	

● 在规格内　● 在规格下　● 在规格以上

需要钢包的地方: 大方坯铸机.
连铸机多长时间后需要钢包: 1 hr 9 mins ±5 mins.

点击下一步开始

图 7-3　载入数据后钢种信息

在模拟过程中，每选装载不同炉次的数据，合金的加入量要重新计算。在模拟过程中要注意，一炉炼好的钢水仅能进行一次精炼，下次装载数据时这炉钢水数据就会消失。这无疑增加了模拟冶炼的难度。

选择钢种: 目标为普通建筑用钢

钢包装入钢水量 ~100000 kg
目标出钢温度 ~1644 ℃
在铸机上的目标温度 1530-1540 ℃
需要的纯净度水平 中等

值	装入合金	目标合金水平		合金含量最小值	合金含量最大值
C	~0.0356	0.1450	0.1300	0.1600	
Si	~0.0156	0.2000	0.1500	0.2500	
Mn	~0.0839	1.4000	1.3000	1.5000	
P	~0.0132	–	–	0.0250	
S	~0.0122	–	–	0.0200	
Cr	~0.0972	–	–	0.1000	
Al	~0.0000	0.0350	0.0250	0.0450	
B	~0.0000	–	–	0.0005	
Ni	~0.0701	–	–	0.1500	
Nb	~0.0000	0.0420	0.0350	0.0500	
Ti	~0.0009	–	–	0.0100	
V	~0.0000	–	–	0.0100	
Mo	~0.0080	–	–	0.0400	
Ca	~0.0000	–	–	–	
N	~0.0020	–	–	0.0050	
H	~0.0006	–	–	0.0005	
O	~0.0080	–	–	0.0010	

● 在规格内 ● 在规格下 ● 在规格以上

需要钢包的地方: 大方坯铸机.
连铸机多长时间后需要钢包: 1 hr 2 mins ±5 mins.

点击下一步开始

图 7-4 单独运行模拟程序后钢种信息

7.3 成绩考核及评分标准

(1) 二人为一冶炼小组, 一人进行转炉 (电炉) 模拟冶炼钢水, 另一人将炼好的钢水为原料进行二次精炼模拟, 考核成绩以吨钢成本计算, 成本最低者为优。

(2) 转炉原料中, 渣料 (白云石、石灰石、铁矿石) 比例不得少于总料重的 5%。

8 二次精炼－连铸双联工艺模拟

8.1 模拟精炼目标

精炼后的钢水要送到连铸车间进行连铸生产。本模拟的目标就是首先进行精炼模拟过程，再在连铸模块将这些精炼后的钢水加工成铸坯。其单个模块的操作与前面几章的讲述基本相同，需要注意的是在精炼模块所得到的钢水温度，在连铸模块是不可改变的，因此，要注意钢水温度与下步连铸工序匹配。在模拟过程中要注意，一炉精炼钢水仅能进行一次铸造，下次连铸工序装载数据时这炉钢水数据就会消失。

8.2 数据的载入

与单独进行连铸模拟模块不同，在本次模拟中需导入二次精炼冶炼得到的钢水数据，其选择界面如图8-1所示。点击"从前工序装入数据"就可在下拉菜单中得到操作者在

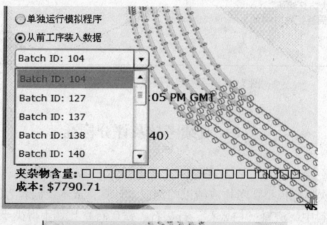

图 8-1　数据装载界面

精炼模块冶炼成功的钢水批号，如图8-1（上）所示。选择某一批次钢水，会得到该钢水的特定信息，如图8-1（下）所示。

继续下一步会发现，当进行到钢包参数设定时，与单独运行连铸模块时有明显不同，如图8-2所示。

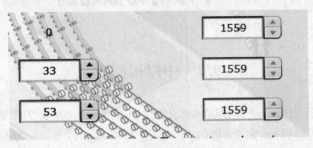

图8-2 钢包参数设定界面

此时，钢包的温度是固定的，不能进行自设定，因为此时的钢包温度对应的是上工序精炼钢水的温度，因此，为了正好匹配连铸工艺，一定要在精炼模拟时，控制得到合适的钢水温度。在此模拟过程中，要想得到理想的模拟生产效果，二次精炼工序与连铸工序的合理衔接是极其重要的。

8.3 成绩考核及评分标准

（1）二人为一冶炼小组，一人进行二次精炼模拟冶炼精炼钢水，另一人将精炼好的钢水为原料进行连铸模拟，完成整个浇次3炉钢的浇注，在此基础上提高铸坯合格率，降低运行成本，取得最高的利润。

（2）考核以"整个浇次取得的利润"作为成绩评价的标准，把总的运行成本、质量合格率全部纳入评价标准中，即利润最高者为最优。

利润＝总长度×单位长度铸坯市场价格－总成本

模拟中"单位长度铸坯市场价格"取＄600。

模拟成绩考核表如下：

组名	总长度/m	质量合格长度/m	总成本/＄	合格率/%	利润/＄	成绩

9　中厚板模拟轧制

9.1　中厚板概述

中厚板属于热轧钢板，厚 4～500mm 或以上（其中 4～20mm 为中板，20～60mm 为厚板，60mm 以上为特厚板），宽至 5000mm，长达 25000mm 以上，一般是成张供应。

中厚板主要用于工程机械、锅炉、船舶、桥梁、海洋钻井平台、化工装置等。

9.1.1　中厚板的技术要求

中厚板产品的技术要求，概括起来就是"尺寸精确、板形好、表面光洁、性能高"。

9.1.1.1　尺寸精确

尺寸包括长度、宽度和厚度，其中以厚度为最主要。厚度一经轧成就不能像长度、宽度那样有剪修余地。此外，厚度的微小变化势必引起其使用性能和金属消耗的巨大波动。这是由于板带钢的 B/H 值很大，厚度一般都很小的缘故，在板带钢生产中一般都要力求高精度轧制。

9.1.1.2　板形良好

板形要平坦，无浪形和瓢曲。一般要求普通中厚板每米长度上的瓢曲度不得大于15mm。板形的不良来源于变形的不均，而变形不均又可能导致厚度的不均，因此板形的好坏往往与厚度精确度的高低有着直接的关系。

9.1.1.3　表面光洁

板带钢是单位体积表面积最大的一种钢材，又多用作外围构件，故必须保证表面的质量。表面不得有气泡、结疤、拉裂、刮伤、折叠、裂缝、夹杂和压入氧化铁皮，因为这些缺陷不仅损害板件的外观，而且会破坏性能或成为产生破裂和锈蚀的策源地，成为应力集中的薄弱环节。

9.1.1.4　性能较高

板带钢的性能要求主要包括力学性能、工艺性能和某些钢板的特殊物理和化学性能。

9.1.2　中厚板的生产工艺

热轧中厚板产品既有板片又有带卷，因此，往往把热轧中厚板带钢生产统称为中厚板生产。其生产工艺过程一般可包括原料的选择、加热、钢板轧制及精整等工序（图9-1）。

中厚板生产工艺制度主要取决于产品的钢种特性和技术要求、原料的种类和规格以及轧机的设备条件。

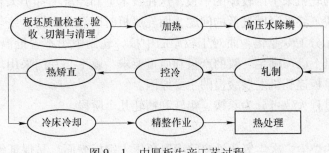

图 9-1 中厚板生产工艺过程

9.1.2.1 原料的选择

目前，轧制中厚板所用的原料主要为连铸板坯。初轧坯长期以来占统治地位，但现在已受到连铸坯的强力挑战和威胁。连铸坯厚度一般为 180~300mm，宽度为 800~2200mm，长度则取决于加热炉宽度和需要的重量，目前板坯宽度已可达 2500mm，重达 45t。

9.1.2.2 加热

中厚板用的板坯加热多采用连续式加热炉，为热滑轨式或步进式，采用由上下预热、加热、均热组成的多段式加热炉，其出料皆由抽出机来执行。热滑轨式加热炉虽然和步进式炉一样能大大减少水冷黑印，提高加热的均匀性，但它仍属推钢式加热炉。其主要缺点是板坯表面易擦伤和易于翻炉，会使板坯尺寸和炉子长度受到限制，而且排空困难，劳动条件差。采用步进式可免除这些缺点，但其投资较大，维修较难，且由于支梁妨碍辐射使板坯上下面有温度差。板坯加热温度一般为 1150~1300℃，依钢种不同而异。

9.1.2.3 轧制

中厚板轧机的形式不一，从机架结构来看目前主要有四辊可逆式轧机。四辊可逆式轧机是应用最为广泛的中厚板轧机。由于支撑辊和工作辊完全分工，既降低了工作压力，又大大增强了轧机刚性，因此这种轧机适合于轧制各种尺寸规格的中厚板，尤其是宽度较大、精度和板形要求较严的中厚板。新的厚板轧机的特点是：轧辊直径大、轧出钢板宽、压力近万吨、轧机刚性强、电动机容量大、轧制速度高等。

就机架布置而言，有单机架、顺列双机架及多机架布置。

（1）单机架轧机。单机架轧机在当前中厚板生产中仍然占着重要的地位。目前主要是四辊可逆式轧机。

（2）双机架轧机。它是现代中厚板轧机的主要形式。双机架轧机是把粗轧和精轧两个阶段的不同任务和要求分配到两个机架上去完成。其主要优点是：不仅轧机产量高，而且表面质量、尺寸精度或板形都比较好；延长了轧辊使用寿命，减少了换辊次数等。双机架轧机的布置有并列式和顺列式两种。并列式轧机的优点是两个机架或互相配合工作或独立进行轧制，但操作不便，金属流程也比较复杂，故现在很少采用。顺列式双机架轧机则应用较为普遍，其优点是操作方便，轧件不用横移，生产能力高，车间跨度可以小些。双机架轧机的粗轧机可采用二辊可逆式或四辊可逆式，而精轧机则一般皆采用四辊可逆式。

（3）半连续式或连续式轧机。它是生产宽带钢的高效率轧机。现在采用连轧机组成卷生产的带钢厚度已增至大于 20mm，这就是说几乎所有的中板，或者几乎三分之二的中厚板都可以在连轧机上成卷生产。但是用连轧机生产中厚板一般宽度不能太大，而且使用可以轧制更薄产品的轧机来生产较厚的中板，这在技术上和经济上都不太合理。轧制薄板时常有温度降落太快、终轧温度过低的问题，而轧厚板时则温降太慢、终轧温度过高。轧机生产最好实行产品分工专业化，而对于较厚的中板，轧制中用不着抢温保温，在一般单、双机架可逆式轧机上已可满足一般的产量和质量要求，就不必专门采用昂贵的连轧机进行生产。这也是中厚板连轧机发展缓慢的主要原因。

中厚板轧制过程大致可分为除鳞、粗轧和精轧几个阶段。

A 除鳞

将钢板表面的炉尘、次生氧化铁皮除净以免压入钢板表面，是保证钢板表面质量的关键措施。目前主要采用高压水除鳞箱及轧机前后设高压水喷头以除鳞。

B 粗轧

粗轧阶段的重要任务是将钢坯或扁锭展宽到所需要的宽度和进行大压缩延伸，有多种轧制操作方法（图9-2），主要有以下几种。

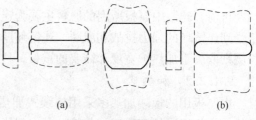

图9-2 主要轧制方法
(a) 综合轧制法；(b) 横轧

a 全纵轧法

所谓纵轧即是钢板延伸方向与原料纵轴方向相重合的轧制。当板坯宽度大于或等于钢板宽度时，即可不用展宽而直接纵轧成成品，这可称为全纵轧操作方式。此种操作方法实际用得不多。

b 全横轧法

所谓横轧即是钢板延伸方向与原料纵轴方向相垂直的轧制。全横轧法即将板坯进行横轧直至轧成成品。显然，这只有板坯长度大于或等于钢板宽度时才能采用。若以连铸坯为原料，则全横轧法比纵轧法具有很多优点：首先是横轧大大减轻了钢板组织和性能的各向异性，显著提高了横向的塑性和冲击韧性，因而提高了钢板的综合性能的合格率；横轧法的另一个优点是比综合轧制可以得到更齐整的边部，没有端部收缩，钢板不成桶形，因而减少切边，提高成材率。此外，横轧法比综合轧制道次负荷更为均匀，并减少一次转钢时间，使产量也有所提高，现在已广泛应用于中厚板生产。

c 横轧—纵轧法

横轧—纵轧法是先进行横轧将板坯展宽至所需宽度以后再转90°进行纵轧直至完成，这种操作方法又可称为综合轧制法，是生产中厚板最常用的方法。其优点是：板坯宽度与钢板宽度可以灵活配合以及可以提高横向性能，减小钢板的各向异性，因而它更适合于以连铸坯为原料的钢板生产；但它使轧机产量有所降低，并易使钢板成桶形，增加切边损失，降低成材率。

C 精轧

粗轧和精轧的划分并没有明显的界限，通常在双机架轧机上把第一台称为粗轧机，第二台称为精轧机。此时两个机架道次的分配应该使其负荷相近，比较均匀。在单机架轧机上则前期道次为粗轧阶段，后期道次为精轧阶段，中间无一定界限。如果说粗轧阶段的主要任务是展宽和延伸，那么精轧阶段的主要任务则是延伸和质量控制，这主要包括板形控制、厚度控制、性能控制及表面质量控制等。

9.1.2.4 冷却

由于热轧变形作用促使变形奥氏体向铁素体转变温度提高，相变后的铁素体晶粒容易长大，造成力学性能降低。为了细化铁素体晶粒，减小珠光体片层间距，阻止碳化物在高温下析出，以提高强化效果而采用控制冷却工艺。目前采用的冷却方式主要是层流冷却和水幕冷却。轧后快速冷却可使厚板强度提高而不使韧性减弱，并因碳含量或合金元素含量的减少而改善可塑性和焊接性能。由于加速冷却对晶粒细化和组织强化的作用，对于一些钢材，控轧控冷可以取消常规轧制工艺的轧后再加热热处理工艺，从而简化了生产工艺，提高了生产效率，并且可以节约能源和昂贵的合金，具有很大的社会效益和经济效益。控制冷却工艺在提高产品的力学性能的同时，可以改善车间的工作条件，减小冷床面积。

9.1.2.5 精整及热处理

中厚板精整包括矫直、冷却、划线、剪切、检查及清理缺陷，必要时还需进行热处理及酸洗等工序。现代化厚板轧机上所有精整工序多是布置在金属流程线上，由辊道及移送机进行钢板的纵横运送，机械化自动化水平日益提高。

为使板形平直，钢板在轧制以后必须趁热进行矫直。热矫直温度依钢板厚度和终轧温度不同可在 650～1000℃ 之间选择。冷矫直机一般是离线进行的，它除用作热矫形后的补充矫直以外，主要用以矫直合金钢板，因为合金钢板通常在轧后需立刻进行缓冷等处理。

钢板经热矫直后送至冷床进行冷却，在运输和冷却过程中要求冷却均匀并防止刮伤。近代新建的中厚板轧机多采用步进式运载冷床，它可免于刮伤并具有良好的冷却条件。为了提高冷床的冷却效果，轧制后增强了喷水设备，并在冷床中设置雾化冷却装置或设置喷水强迫冷却的冷床。

钢板经矫直后冷却至 200～150℃ 以下，便可进行检查、划线及剪切。除表面检查以外，要进行在线超声波探伤以检查内部缺陷。钢板的边部剪切采用双边剪，横切采用滚边剪。有的工厂采用由双边剪和横切剪复合组成的联合剪切机组。在剪切线的布置上可采用圆盘与圆盘剖分剪近接布置，或滚切双边剪与滚刀剖分剪近接布置。今后随着轧钢技术的发展，钢板剪切线还会向着高速化、自动化和连续化方向发展。

如果对钢板的力学性能有特别的要求，则还需要将钢板进行热处理。中厚板热处理的主要方式是常化与淬火－回火，有时也用回火及退火。此外在轧制一些优质合金钢厚板时，为了提高塑性及防止白点往往还采用缓冷措施，对某些单重很大的特殊厚板还可采用特殊的热处理。作为中厚板厂最常用的热处理设备的常化炉或淬火炉，已由直接加热的辊底式炉改进为保护气体辐射管辊底式炉，现在又进一步出现了步进梁式炉。美国、日本还打算采用感应加热的炉子。所采用的淬火机也由压力淬火机发展到辊式淬火机。钢板经加热处理后可能产生瓢曲变形，故需再经热矫直或冷矫直精整才能符合要求。

9.1.3 中厚板的控制轧制工艺

控制轧制是通过控制加热温度、轧制温度、变形制度等工艺参数，控制奥氏体的状态和相变产物的组织状态，从而达到控制钢材组织性能的目的。控制轧制的优点：使钢材的强度和低温韧性提高；节省能源，使生产工艺简化；充分发挥微量合金元素的作用。缺点：会增大轧机的负荷，影响轧机的产量。

控制轧制工艺的类型有以下 3 种：

（1）奥氏体再结晶区的控制轧制（又称Ⅰ型控制轧制）特点：轧制全部在奥氏体再结晶区内进行（950℃以上）。控制机理：它是通过奥氏体晶粒的形变、再结晶的反复进行使奥氏体再结晶晶粒细化，相变后能得到均匀的较细小的铁素体珠光体组织。

（2）奥氏体未再结晶区的控制轧制（又称Ⅱ型控制轧制）机理：轧后的奥氏体晶粒不发生再结晶，变形使晶粒沿轧制方向拉长，晶粒内产生大量滑移带和位错，增大了有效晶界面积。相变时，铁素体晶核不仅在奥氏体晶粒边界上，而且也在晶内变形带上形成（这是Ⅱ型控制轧制最重要的特点），从而获得更细小的铁素体晶粒，使热轧钢板的综合力学性能，尤其是低温冲击韧性有明显的提高。

（3）两相区的控制轧制（又称Ⅲ型控制轧制）机理：轧材在两相区中，变形时形成了拉长的未再结晶奥氏体晶粒和加工硬化的铁素体晶粒，相变后就形成了由未再结晶奥氏体晶粒转变生成的软的多边形铁素体晶粒和经变形的硬的铁素体晶粒的混合组织，从而使材料的性能发生变化。

9.1.4 中厚板轧制工艺参数的控制

9.1.4.1 坯料的加热制度

对坯料最高加热温度的选择应考虑原始奥氏体晶粒大小、晶粒均匀程度、碳化物的溶解程度以及开轧温度和终轧温度的要求。

对一般轧制，加热的最高温度不能超过奥氏体晶粒急剧长大的温度，如轧制低碳中厚板一般不超过1250℃。但对控轧Ⅰ型或Ⅱ型都应降低加热温度（Ⅰ型控轧比一般轧制低100~300℃），尤其要避免高温保温时间过长，不使变形前晶粒过分长大，为轧制前提供尽可能小的原始晶粒，以便最终得到细小晶粒和防止出现魏氏组织。

9.1.4.2 中间待温时板坯厚度的控制

采用两阶段控制轧制时，第一阶段是在完全再结晶区轧制，之后，进行待温或快冷，以防止在部分再结晶区轧制，这一温度范围随钢的成分不同，波动在1000~870℃。待温后，在未再结晶区进行第二阶段的控制轧制。在第二阶段，即待温后到成品厚度的总变形率应大于40%~50%。总压下率越大（一般不大于65%），则铁素体晶粒越细小，弹性极限和强度就越高，脆性转变温度越低，所以，中间待温后的钢板厚度（即中间厚度）是很重要的一个参数。

9.1.4.3 道次变形量和终轧温度的控制

道次变形量和终轧温度的控制在完全再结晶区，每道次的变形量必须大于再结晶临界变形量的上限，以确保发生完全再结晶。在未再结晶区轧制时，加大总变形量，以增多奥氏体晶粒中滑移带和位错密度、增大有效晶界面积，为铁素体相变形核创造有利条件。在$\gamma + \alpha$两相区控制轧制时，在压下量较小阶段增大变形量，钢的强度提高很快。当变形量大于30%时，再加大压下量则强度提高比较平缓，而韧性得到明显改善。

中厚板轧制规程设计：设计内容主要包括压下制度、速度制度、温度制度和辊型制度。轧制规程设计是根据钢板的技术要求、原料条件、温度条件和生产设备的实际情况，运用数学公式或图表进行人工计算或计算机计算，来确定各道次的实际压下量、空载辊缝、轧制速度等参数，并在轧制过程中加以修正和应变处理，以达到充分发挥设备潜力、提高产量、保证质量、操作方便、设备安全的目的。

9.2　模拟轧制目标

通过 9.1 节对中厚板的用途、要求、生产工艺及设备的介绍，本节在给定设备条件对要求成品尺寸及性能的管线钢（X70、X56）、船板用钢（AH32、EH32）及普通结构板 S355 的热轧生产进行模拟。生产过程中所有生产工艺参数均需用户自己进行设置，如参数设置不合理，则得不到所要求尺寸和性能的产品，此时，需要对生产工艺进行分析找出问题的所在，进而合理地设置相关参数，以便生产出符合要求的产品。

9.3　模拟轧制流程

本模拟的模拟目标选择如图 9 - 3 所示，钢种包括 X70、X56、AH32、EH32 及 S355，用户可根据需要选择适宜的钢种进行模拟冶炼。

任选一个准备生产的订单

- ⦿ X70 - 用于低温条件下的管线钢
- ○ X56 - 用于正常温度条件下的管线钢
- ○ AH32 - 用于正常条件下的船板
- ○ EH32 - 用于低温条件下的船板
- ○ S355 - 普通结构板（如用于挖掘机等）

尺寸: 12000 mm × 4300 mm × 19 mm
韧性要求: -20 ℃ 巴特利落锤撕裂试验

下一步

图 9 - 3　操作选择界面

以目标钢种 X70 为例，为用户介绍相应的模拟流程。模拟目标钢种选定后，可进行成分选择，图 9 - 4 所示为 X70 钢种的成分选择界面。图 9 - 5 所示为尺寸选择界面。

订单：X70 - 用于低温条件下的管线钢

从列表中选择适合的成分

	C	Mn	Si	P	S	Mo	Ni	Nb	V	Ti	Cr	Cu	N	Al
○	0.09	0.47	0.22	-	-	-	-	-	-	-	-	-	-	-
	0.11	0.52	0.26	0.025	0.015	-	-	-	-	-	-	-	0.0120	-
○	0.14	1.36	0.37	-	-	-	-	0.024	-	-	-	-	-	0.025
	0.16	1.40	0.41	0.012	0.012	-	-	0.028	-	-	-	-	0.0090	0.040
○	0.13	1.37	0.36	-	-	-	-	0.030	0.060	0.02	-	-	-	0.030
	0.14	1.42	0.40	0.015	0.005	-	-	0.040	0.070	0.03	-	-	0.0120	0.040
○	0.12	1.41	0.40	-	-	-	-	0.024	-	-	-	-	0.0050	0.025
	0.14	1.45	0.44	0.015	0.005	-	-	-	-	-	-	-	0.0100	0.040
○	0.11	1.37	0.36	0.016	0.003	-	-	0.033	-	-	-	-	0.0050	0.045
	-	-	-	-	-	-	-	-	-	-	-	-	-	-
◉	0.06	1.00	0.13	-	-	-	-	0.012	-	-	-	-	-	0.025
	0.08	1.10	0.23	0.008	0.003	0.01	0.05	0.018	0.010	0.01	0.06	-	0.0045	0.035
○	0.23	0.70	0.19	-	-	0.20	-	-	-	-	1.00	-	-	0.003
	0.27	0.80	0.23	0.010	0.010	0.25	-	-	-	-	1.10	-	0.0120	0.008
○	0.10	1.50	0.33	-	-	-	0.03	-	0.002	-	0.20	0.03	-	0.025
	0.12	-	0.37	0.020	0.010	-	-	-	-	-	-	-	0.0120	0.040

设计满足低温条件下的高强度管线钢的成分。

图9-4　成分选择界面

订单：X70 - 用于低温条件下的管线钢

填写缺失的数据,并根据板坯标准选择合格的板坯进行轧制.

钢板尺寸：12000 mm × 4300 mm × 19 mm

钢板体积 ＝ ☐0.9804☐ m³　✓

宽度 /m	厚度 /m	板坯长度 / m			压下率	宽展率
		1 批钢板	2 批钢板	3 批钢板		
1.200	0.100	○ 8.170	○ 16.340	○ 24.510	5.263	3.583
1.200	0.230	○ 3.552	○ 7.104	○ 10.657	12.105	3.583
1.200	0.305	○ 2.679	○ 5.357	○ 8.036	16.053	3.583
1.850	0.100	○ 5.299	○ 10.599	○ 15.898	5.263	2.324
1.850	0.230	○ 2.304	○ 4.608	○ 6.912	12.105	2.324
1.850	0.305	○ 1.738	○ 3.475	○ 5.213	16.053	2.324
2.450	0.100	○ 4.002	○ 8.003	○ 12.005	5.263	1.755
2.450	0.230	○ 1.740	◉ 3.480	○ 5.220	12.105	1.755
2.450	0.305	○ 1.312	○ 2.624	○ 3.936	16.053	1.755

注：这些计算过程中忽略了切头尾、切边及取样的损失。

开始回答	当你清楚如何计算每个数值时，点击这里并填写表格。
应用	✓ 规则1：宽展率应为1:1.3-1.8。
应用	✓ 规则2：普通中厚板的压下量应大于6.5:1。高强度中厚板压下量应大于10:1。
应用	✓ 规则3：板坯长度应介于2.5 m 和 4.9 m 之间。
下一步	此板坯符合标准要求，按下一步确定使用这块板坯。

图9-5　尺寸选择界面

图 9-6 所示为出炉温度确定界面。

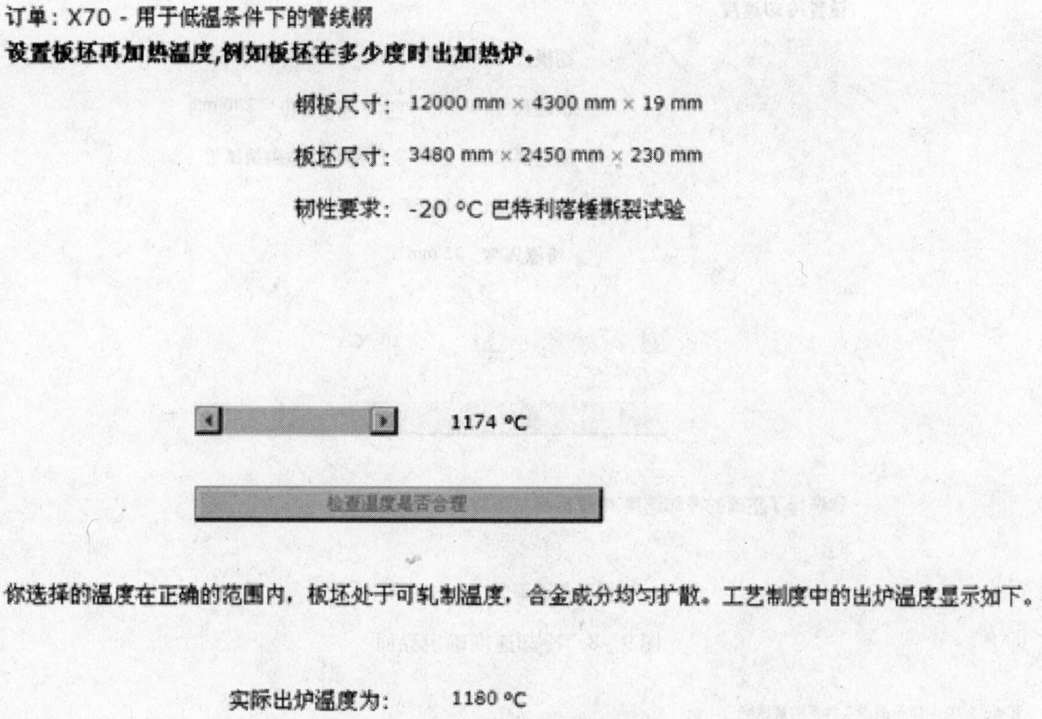

订单：X70 - 用于低温条件下的管线钢

设置板坯再加热温度,例如板坯在多少度时出加热炉。

钢板尺寸: 12000 mm × 4300 mm × 19 mm

板坯尺寸: 3480 mm × 2450 mm × 230 mm

韧性要求: -20 ℃ 巴特利落锤撕裂试验

◀ ▶ 1174 ℃

检查温度是否合理

你选择的温度在正确的范围内，板坯处于可轧制温度，合金成分均匀扩散。工艺制度中的出炉温度显示如下。

实际出炉温度为: 1180 ℃

图 9-6 出炉温度确定界面

图 9-7 所示为实际待温厚度确定界面。

订单：X70 - 用于低温条件下的管线钢

设置中间待温时轧坯的厚度

钢板尺寸: 12000 mm × 4300 mm × 19 mm

板坯尺寸: 3480 mm × 2450 mm × 230 mm

韧性要求: -20 ℃ 巴特利落锤撕裂试验

出炉温度: 1180 ℃

◀ ▶ 103 mm

检查厚度是否合理

板坯厚度

钢坯厚度

此待温厚度将使钢板得到适当的再结晶应变并获得良好的综合性能，尤其是断裂韧性。最后轧制计划中采用的待温厚度如下。

实际待温厚度为: 95 mm

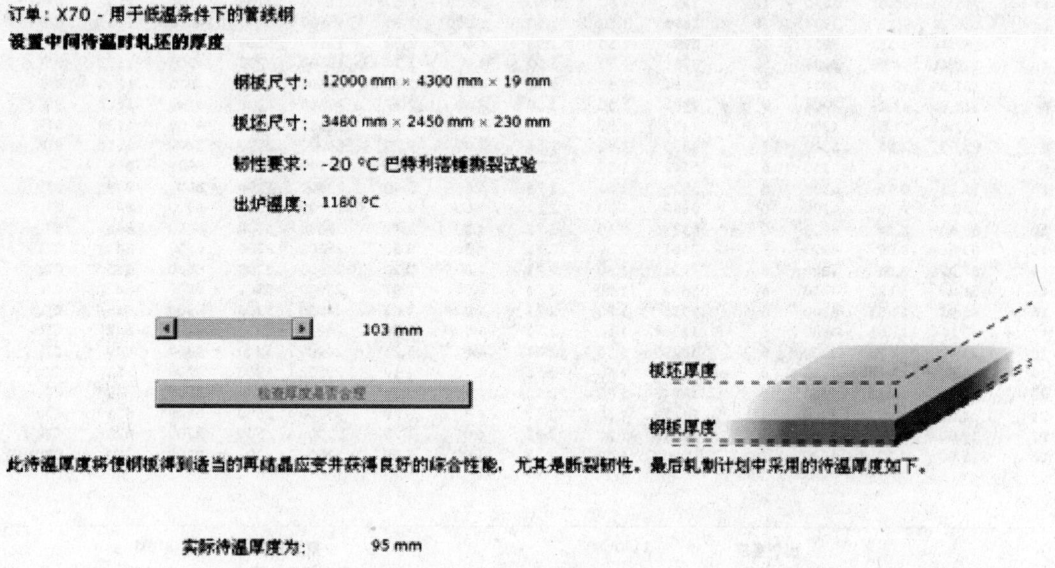

图 9-7 实际待温厚度确定界面

图 9-8 所示为冷却速度确定界面。图 9-9 所示为轧制工艺制度选择界面。

订单：X70 - 用于低温条件下的管线钢

设置冷却速度

钢板尺寸：12000 mm × 4300 mm × 19 mm

板坯尺寸：3480 mm × 2450 mm × 230 mm

韧性要求：-20 ℃ 巴特利落锤撕裂试验

出炉温度：1180℃

待温厚度　95 mm

◁ [   ] ▷　　　10 ℃ s⁻¹

[　　　检查冷却速率是否合理　　　]

你选择了正确的冷却速度,中厚板将获得需要的性能。

实际冷却速率为：　　　　23 ℃ s⁻¹

图 9 - 8　冷却速度确定界面

订单：X70 - 用于低温条件下的管线钢

从准备好的两项轧制工艺制度中任选一项, 详细数据如下

○ 14MN轧机　　　○ 20MN轧机

道次	厚度 mm	压下率 %	宽度 mm	咬入角A 度 °	长度 mm	开始速度 m s-1	最大速度 m s-1	道次间隔 时间 s	轧制时间 s	电能 kW	扭矩 kN m	负载 吨	温度 ℃	轧制形式
1	205.00	10.87	2450	12	3904	1.50	1.50	20.00	2.60	11300	4300	3100	1142	SZG
2	186.28	9.13	3904	10	2696	1.50	1.50	14.00	1.80	13500	5200	4300	1137	B/S
3	167.74	9.95	3904	10	2994	1.50	1.50	4.00	2.00	13500	5200	4400	1135	B/S
4	149.41	10.93	3904	10	3361	1.50	1.50	4.00	2.24	13500	5200	4500	1133	B/S
5	131.36	12.09	3904	10	3824	1.50	1.50	4.00	2.55	13500	5200	4600	1130	B/S
6	116.80	11.08	3904	9	4300	1.50	1.50	4.00	2.87	10800	4200	4100	1127	B/S
7	102.87	11.93	4300	9	4433	1.50	1.50	14.00	2.96	11800	4500	4700	1120	STR
8	95.00	7.65	4300	7	4800	1.50	1.50	4.00	3.20	6400	2500	3400	1116	STR
9	88.70	6.64	4300	6	5142	1.50	2.71	685.90	2.26	24200	5100	7900	851	CTL
10	82.53	6.96	4300	6	5526	1.50	2.71	4.00	2.40	23900	5100	8000	849	CTL
11	76.17	7.70	4300	6	5987	1.50	2.71	4.00	2.57	25000	5300	8300	847	CTL
12	69.90	8.24	4300	6	6525	1.50	2.71	4.00	2.77	25000	5300	8400	845	CTL
13	63.68	8.89	4300	6	7161	1.50	2.71	4.00	3.00	25200	5300	8500	843	CTL
14	57.72	9.36	4300	6	7901	1.50	2.71	4.00	3.28	24500	5200	8600	840	CTL
15	51.80	10.26	4300	6	8804	1.50	2.71	4.00	3.61	24900	5300	8800	843	CTL
16	45.92	11.35	4300	6	9931	1.50	2.71	4.00	3.92	24900	5300	8900	845	CTL
17	40.11	12.65	4300	6	11369	1.50	2.71	4.00	4.56	24900	5300	9100	847	CTL
18	34.42	14.20	4300	6	13250	1.50	2.71	4.00	5.25	24900	5300	9300	849	CTL
19	28.85	16.18	4300	6	15807	1.50	2.71	4.00	6.19	25200	5300	9700	851	CTL
20	24.20	16.13	4300	5	18848	1.50	2.95	4.00	6.86	23300	4500	9100	849	CTL
21	21.53	11.01	4300	4	21179	1.50	3.52	4.00	6.78	15200	2500	6600	838	CTL
22	19.90	7.58	4300	3	22916	1.50	3.52	4.00	7.28	9300	1500	5200	820	CTL
23	19.00	4.53	4300	2	24002	1.50	3.52	4.00	7.59	5200	800	3800	799	CTL

出炉温度：	1180 ℃		轧制周期：	878.5 s
产量：	61.8 t h⁻¹		最小间隔时间：	20 s

[开始轧制]

图 9 - 9　轧制工艺制度选择界面

图 9 – 10 所示为模拟结果界面。

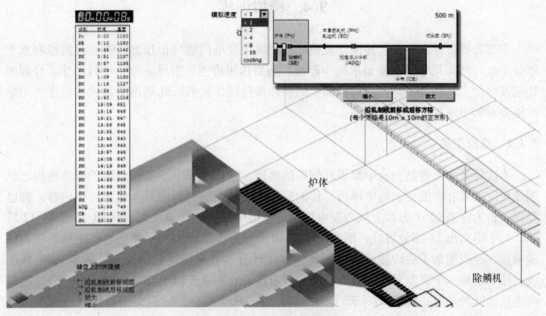

图 9 – 10　模拟结果界面

图 9 – 11 所示为模拟成功结果界面。

轧后小结

零薯，你已经成功生产出符合标准的中厚钢板。：

订单：X70 - 用于低温条件下的管线钢

成品钢板数量：2

成品尺寸：12000 mm × 4300 mm × 19 mm

韧性要求：-20 ℃ 巴特利落锤撕裂试验

成分：

C	Mn	Si	P	S	Mo	Ni	Nb	V	Ti	Cr	Cu	N	Al
0.06	1.00	0.13	-	-	-	-	0.012	-	-	-	-	-	0.025
0.08	1.10	0.23	0.008	0.003	0.01	0.05	0.018	0.010	0.01	0.06	-	0.0045	0.035

生产参数

轧制周期：878.5 s

最小间隔时间：20 s

产量：61.8 t h-1

开始模拟

图 9 – 11　模拟成功结果界面

9.4 模拟训练

本节需要设计生产工艺并操作轧机轧制出风力发电机塔（由顶部塔锥、过渡段和水下部分组成）所需尺寸及性能要求的中厚板。需要选用恰当的钢材成分、坯料尺寸、合理的轧制及冷却工艺参数，并且通过界面上的操作按钮操作轧机，轧制出满足尺寸精度、力学性能要求的中厚板。

9.4.1 模拟任务

本次任务中你将是一家中厚板轧钢厂的经理，生产过程中涉及板坯出炉以及将板坯轧制成规定尺寸和性能要求的中厚板。你的目标是使轧钢厂的利润最大化。订单内容：你已得到一份为建造 25 个海面上风力发电机塔筒所需中厚板的订单，如表 9-1 和图 9-12 所示，每个塔筒由 21 部分组成：塔筒的上部 10 个部分围成一个圆锥体，它将矩形的钢板切成扇形，经成型加工后焊接成一个圆锥体。此部分为整个塔筒最薄部分，由 8mm 钢板制成；接下来是一个在海平面以上圆柱形的过渡段，它用来连接上部塔锥与水下部分，过渡两者尺寸间的差异；底部 10 个部分组成圆柱形的水下部分，它是由矩形钢板成型加工并焊接而成的圆柱体。此部分承受最大的负荷，所以所需的钢板最厚，为 45mm。

表 9-1 风力发电机塔各组成部分尺寸

序号	组成部分	高度/mm	顶部直径/mm	底部直径/mm	厚度/mm	钢 种
1	塔锥 1	2500	2800	2900	8	S235JR
2	塔锥 2	2500	2900	3000	9	S235JR
3	塔锥 3	2500	3000	3100	10	S235JR
4	塔锥 4	2500	3100	3200	10	S235JR
5	塔锥 5	3000	3200	3320	12	S235JR
6	塔锥 6	3000	3320	3440	12	S235JR
7	塔锥 7	3000	3440	3560	14	S235JR
8	塔锥 8	3000	3560	3680	16	S235JR
9	塔锥 9	3000	3680	3800	18	S235JR
10	塔锥 10	3000	3800	3920	20	S235JR
11	过渡段	4000	4000	4000	25	S355G10 + M
12	水下部分 1	2500	4000	4000	25	S355G10 + M
13	水下部分 2	2500	4000	4000	30	S355G10 + M
14	水下部分 3	3000	4000	4000	35	S355G10 + M
15	水下部分 4	3000	4000	4000	40	S355G10 + M
16	水下部分 5	3000	4000	4000	45	S355G10 + M
17	水下部分 6	3000	4000	4000	45	S355G10 + M
18	水下部分 7	3000	4000	4000	40	S355G10 + M
19	水下部分 8	3000	4000	4000	35	S355G10 + M
20	水下部分 9	2500	4000	4000	30	S355G10 + M
21	水下部分 10	3000	4000	4000	25	S355G10 + M

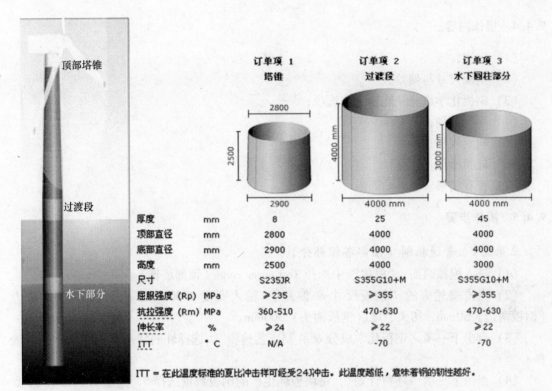

图 9-12 风力发电机塔的组成及尺寸参数和性能要求

9.4.2 决策和采取的措施

此模拟中，你负责按要求的尺寸和性能生产塔筒的三部分，并力求成本最低，你必须：

（1）根据塔筒圆柱和圆锥体的尺寸计算成品钢板的尺寸。

（2）规定边部和头、尾的剪切余量。

（3）根据每部分产品所需的性能选择适宜的板坯化学成分和轧制工艺。

（4）制定坯料计划，为完成订单每个部分所需板坯的数量及板坯的尺寸，但制定计划时必须考虑板坯尺寸不能超出轧机的极限。

（5）为每块板坯选择合适的轧制程序。

（6）操作模拟软件轧制钢板。

9.4.3 成果

每完成订单的一部分，你都将收到一份检验报告，报告中列出：

（1）与目标值对比，所生产钢板的尺寸。

（2）与目标值对比，所生产钢板的力学性能。

（3）此部分订单的总成本。成本计算与原料（如板坯）和轧制时间（作业率）有关。你必须成功完成订单的三个部分才能完成整个合同，三部分最好成果将被累加作为你的总成本。

9.4.4   操作内容

（1）概述；

（2）钢板尺寸与偏差；

（3）钢板化学成分及轧制工艺选项；

（4）坯料计划；

（5）轧制程序表；

（6）轧制操作；

（7）查看结果。

9.4.5   操作步骤

9.4.5.1   普通轧制（顶部塔锥部分）

（1）进入模拟画面，"概述"中选择 Top tower cone（顶部塔锥）。

（2）点击概述旁的"钢板尺寸 & 偏差"，输入宽度 2700mm，长度 9150mm，切边（钢板两边）50mm，切头、尾（钢板两头）300mm。

（3）点击下一项"钢板化学成分 & 轧制工艺选项"，选择轧制状态，板坯化学成分选择 C。

（4）点击下一项"坯料计划"，每块板坯生产的钢板数量选择 5，宽度 1900mm，厚度 305mm，长度 1750mm，板坯 5（每块板坯生产的钢板数量×板坯≥25）。

（5）点击下一项"轧制程序表"，进行确认后点击"Start rolling"。

（6）点击左侧"Discharge slab"，将画面移至轧制处，一道次轧制完成后点击"Turn"，当"Turn"指示灯变为绿色后再次点击"Turn"。

（7）点击屏幕中间出现的箭头，板坯会朝相应的方向移动。轧件进入轧机后可以点击或者拖动滑块改变轧制速度。轧件离开轧机前需要减速，离开轧机后也需要再次点击减速。轧制过程中可以改变模拟速度。

9.4.5.2   控制轧制

A   控制轧制（过渡段部分）

（1）进入模拟画面，"概述"中选择 Transition Piece（过渡段部分）。

（2）点击概述旁的"钢板尺寸 & 偏差"，输入宽度 4000mm，长度 12560mm，切边（钢板两边）50mm，切头、尾（钢板两头）300mm。

（3）点击下一项"钢板化学成分 & 轧制工艺选项"，选择控制轧制，钢板待温厚度与成品厚度比选择 2.4，板坯化学成分选择 F。

（4）点击下一项"坯料计划"，每块板坯生产的钢板数量选择 1，宽度 1900mm，厚度 305mm，长度 2400mm，板坯选择 25（每块板坯生产的钢板数量×板坯≥25）。

（5）点击下一项"轧制程序表"，确认没有报错后点击"Start rolling"，建议使用 4 倍模拟速度。

（6）点击左侧"Discharge slab"，将画面移至轧制处，90s 时再次点击"Discharge slab"出第二块钢，180s 出第三块，以此类推一共轧制 4 块钢板。

（7）粗轧完成之后待温至908℃，点击"Continue rolling"。

（8）轧制完成第二块钢之后可以将模拟速度设置成64倍。

B　控制轧制（水下部分）

（1）进入模拟画面，"概述"中选择Mudline can（水下部分）。

（2）点击概述旁的"钢板尺寸&偏差"，输入宽度3040mm，长度12560mm，切边（钢板两边）60mm，切头、尾（钢板两头）300mm。

（3）点击下一项"钢板化学成分&轧制工艺选项"，选择控制轧制，钢板待温厚度与成品厚度比选择2.65，板坯化学成分选择F。

（4）点击下一项"坯料计划"，每块板坯生产的钢板数量选择1，宽度1900mm，厚度305mm，长度3250mm，板坯选择25（每块板坯生产的钢板数量×板坯≥25）。

（5）点击下一项"轧制程序表"，确认没有报错后点击"Start rolling"，建议使用4倍模拟速度。

（6）点击左侧"Discharge slab"，将画面移至轧制处，90s时再次点击"Discharge slab"出第二块钢，180s出第三块，以此类推一共轧制7块钢板。

（7）粗轧完成之后待温至905℃，点击"Continue rolling"。

（8）轧制完成第二块钢之后可以将模拟速度设置成64倍。

9.4.6　用户操作界面

双击图标进入模拟操作界面，如图9-13所示。

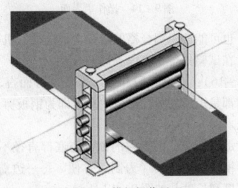

图9-13　模拟操作界面

操作主界面的菜单栏包括概述、钢板尺寸及偏差、钢板化学成分及轧制工艺选项、坯料计划和轧制程序表五个功能选项，如图9-14所示。

钢板尺寸设置界面（图9-15）要求操作者根据所选的订单项来制定关键的尺寸，如设置钢板剪切后的长度和宽度，该尺寸可由原订单计算求得。另外，还需要确定切头、尾及切边的长度。

尺寸偏差：轧后钢板需四面切边有两个原因：钢板的轧制状态边部不规整，切后变得平直；钢板的头、尾和边部在轧制和冷却过程中冷却速度快，所以此部分的性能与钢板的其余部分有明显不同，因此应该切掉。如果预留的剪切量过小，可能有成品钢板性能不合格或轧后钢板无法剪切的风险；如果预留的剪切量过大，意味着浪费了资源，因此总成本增加。设定适宜的剪切余量需要根据经验和实际情况而定，但每次结果不总是完全相同，

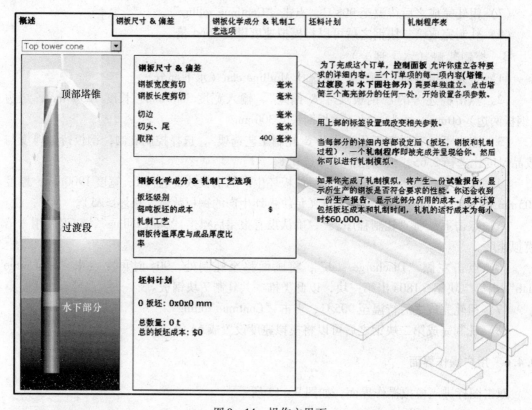

图 9 – 14 操作主界面

即使预留的剪切量过小，也可能会得到合格的结果，但这样的机会甚少。如果因为剪切余量过小而导致钢板废品，在试验报告中会得到通知。

钢板尺寸剪切（图 9 – 16）：对过渡段和水下圆柱部分而言，计算制造它们所需钢板的尺寸并不难，因为它们都是矩形。圆柱部分的高度即为钢板剪切后的宽度，钢板剪切后的长度即为圆柱底的周长。

塔锥部分的计算则没那么简单，因为它的顶部与底部直径不同，展开后为扇形平面。因而扇形平面必须由矩形钢板剪切而成（为制造方便，每一边需留出 20mm 的余量），所以需要计算矩形钢板的宽度和长度，如图 9 – 17 所示。

板坯化学成分及轧制工艺设置界面（图 9 – 18）要求操作者根据所要轧制的成品钢板的性能要求选择合适的坯料成分，并据此确定钢板的轧制工艺。在此需要确定是采用控制轧制工艺还是普通轧制工艺，如果采用控制轧制工艺，还需设置钢板中间待温的厚度比。

你有 6 个钢种可供选择。一些微合金化钢种可进行控制轧制来生产高强度钢材。控制轧制工艺用来生产像管线钢这样在低温下具有高强度高韧性的钢材。生产过程中，在粗轧阶段，坯料经过一段时间待温，随着温度的降低，钢中铌的碳化物或铌的氮化物析出，阻碍精轧阶段的再结晶，在精轧阶段晶粒被压扁拉长。精轧阶段在再结晶温度以下进行，以获得更加细化的铁素体和珠光体的显微组织。其他无微合金不适于控制轧制的钢种只能进行正常轧制。普通轧制生产的钢材具有粗大的铁素体和珠光体显微组织。轧制过程中随着板坯厚度的减小，铸态的晶粒被破碎。在轧制道次间组织内部产生静态再结晶，使奥氏体

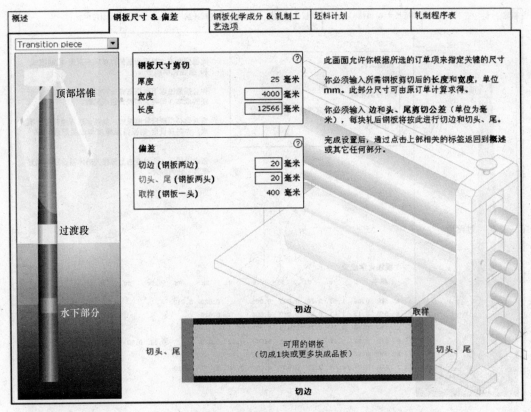

图 9-15　钢板尺寸设置界面

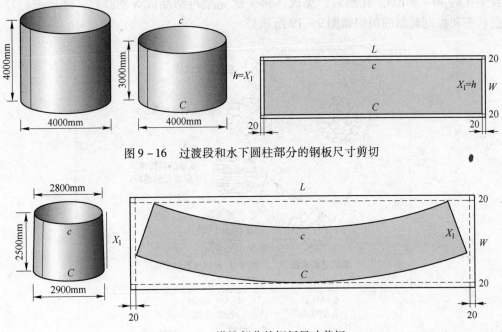

图 9-16　过渡段和水下圆柱部分的钢板尺寸剪切

图 9-17　塔锥部分的钢板尺寸剪切

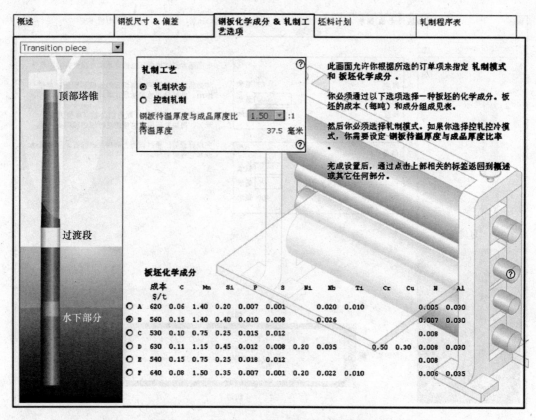

图 9-18　板坯化学成分及轧制工艺设置界面

晶粒细化到 40~50μm。轧制后，奥氏体再一次完全再结晶成等轴晶粒，随后进行冷却。轧制状态和控制轧制的组织如图 9-19 所示。

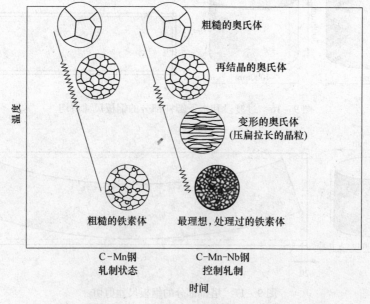

图 9-19　轧制状态和控制轧制的组织

有多个钢种可达到要求的性能，但应选择成本低的。

当采用控制轧制时，选择合适的待温厚度比率非常重要（图 9 - 20）。钢板待温厚度与成品厚度比率 = 待温厚度/成品厚度。它涉及：（1）冷却速率，即待温时间，这与轧制程序有关；（2）晶粒的数量，与成品性能有关。

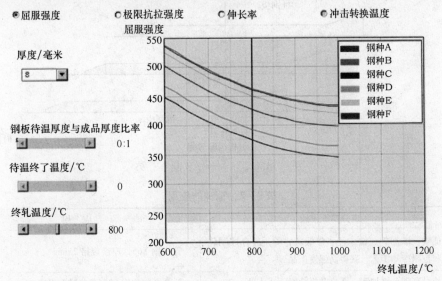

{hr_propCalcDesc}

图 9 - 20　钢板待温厚度与成品厚度比确定界面

轧制程序：在所有的轧制程序中，板坯首先沿长度方向进行轧制。一个成型道次的压下量为固定的 25mm，然后转钢 90°轧到要求的宽度。在宽度达到要求后，此时的厚度为宽展厚度。控制轧制时，钢板在两个轧制阶段之间需待温一段时间（图 9 - 21），在待温期间，如果轧机处于闲置状态，生产效率将大幅度下降。为了提高生产效率，可以在第一块钢板待温时，轧制另一块钢板，即所谓的交叉轧制（图 9 - 22）。

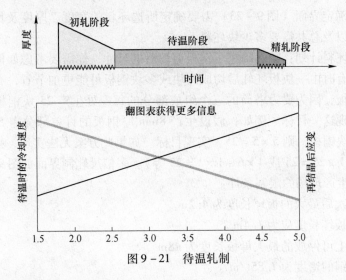

图 9 - 21　待温轧制

有 6 个钢种可供选择，见表 9 - 2。

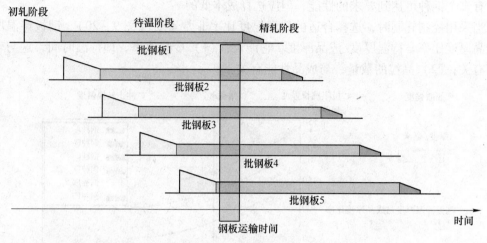

图 9 – 22   交叉轧制

表 9 – 2   钢种的应用

钢种	成分特征描述	应 用
A	低碳、添加铌、钛，且非常低硫、磷，适合控制轧制和控制冷却工艺，获得高强度产品	管线钢 X65，厚度规格 25mm
B	相对高碳，添加铌，适合常规轧制，成本低	低合金结构钢 S355J2，厚度规格 25mm 左右
C	低碳，适合常规轧制薄规格产品，成本低	碳素结构钢 S235JR，厚度规格 8mm
D	铌钢，同时添加铬、铜、镍，提高其耐蚀性，适合常规轧制	耐候结构钢 S355J2，厚度规格 25mm 左右
E	低碳，但比钢种 C 的碳含量高，适合常规轧制中等厚度规格产品，成本低	碳素结构钢 S235JR，厚度规格 20mm 左右
F	超低碳，添加铌、钛，适合控制轧制	低合金结构钢 S355G10 + M，厚度规格 25 ~ 45mm

　　在坯料计划确定界面（图 9 – 23）需要确定所选坯料的宽度、厚度及长度，每一块坯料轧制几块钢板以及总共需要多少块坯料。

　　板坯尺寸和坯料计划：既然确定了钢板剪切后的尺寸，你需要考虑如何用现有板坯将它们轧制而成，有时由一块板坯轧后切成两块或多块钢板可能更加节省，有时一块板坯则只能生产一块钢板，因为要为塔筒的三个组成部分的每一处生产 25 块钢板，必须考虑最佳的组合方式实现这一目标。例如：假设生产 8mm 厚钢板的订单部分需 5 块钢坯，每块钢坯轧后切成 5 块钢板，则 5 × 5 = 25，实现目标。如果此方案无法实现，则需要考虑其他组合方式（例如 1 × 25 = 25 或 4 × 6 + 1 × 1 = 25 等）。多倍尺轧制界面如图 9 – 24 所示。

　　注意以下的生产现场的限制条件：

　　（1）定形道次后最大的板坯长度为 4.2m。

　　（2）最小的板坯长度应为 1.4m。

　　（3）生产线上可停放的最大母板长度为 48m。

　　（4）计算时钢的密度为 7.85t/m³。

模拟过程中的假设条件及简化过程：

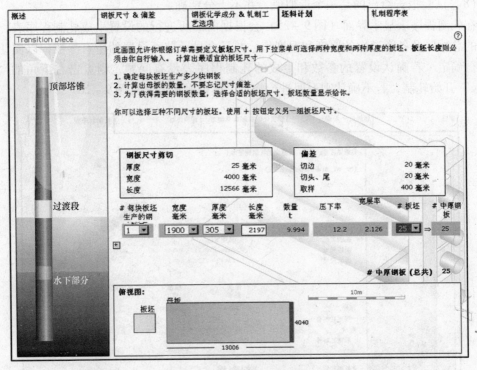

图 9-23　坯料计划确定界面

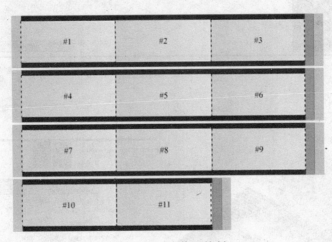

图 9-24　多倍尺轧制

（1）热膨胀忽略不计。

（2）控制轧制中的展宽厚度必须大于待温厚度。

（3）控制轧制中的出炉温度为 1200℃，而且目标待温终了温度为 850℃。

（4）除了必须考虑轧机的极限条件外，其他的影响条件可忽略。

（5）假设电动机存在瞬间的温度回升。

（6）你看到的板坯/钢板的尺寸比例可能与实际不同。

（7）各个阶段的温降速率是一个平均值，且此值保持不变。

（8）试验报告给出的是一个近似值，并不十分精确。

在轧制程序表显示界面（图9-25）会根据前面所进行的设置生成轧制程序表、轧制道次的总数以及各个道次的厚度和温度值，并且会显示前面设置的所有参数，以便让设计者进行确定。若确认设置的参数和生成的轧制程序表没有问题，则点击右下角的"Start rolling"开始轧制，若不确认则返回进行修改。模拟操作界面见图9-26。

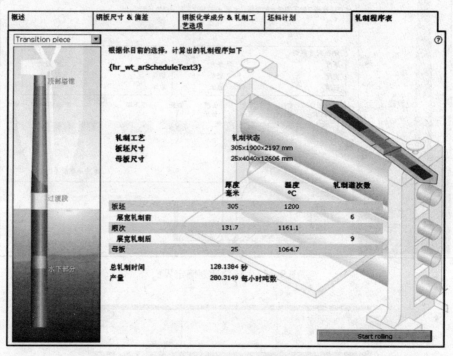

图9-25　轧制程序表显示界面

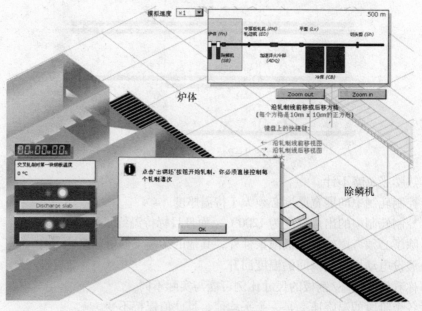

图9-26　模拟操作界面

成本计算：在模拟轧制过程中，你只需要轧制每个部分 25 块中的几块。你的操作结果将按照比例累计为 25 块钢板的总成本。总成本由以下两部分组成：坯料成本（与坯料计划有关），时间成本（轧制时间按 60000 美元/小时）。

模拟结果界面如图 9 - 27 ~ 图 9 - 30 所示。

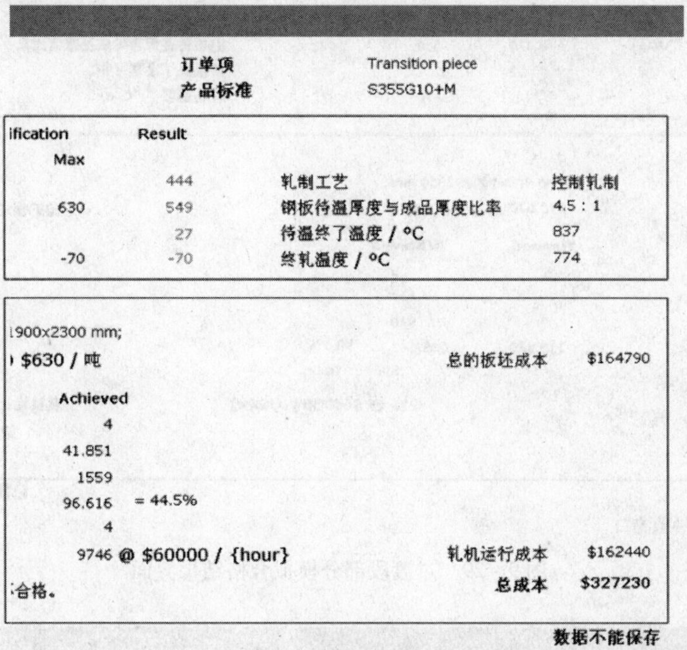

| | | 订单项 | Transition piece |
| | | 产品标准 | S355G10+M |

ification	Result		
Max			
	444	轧制工艺	控制轧制
630	549	钢板待温厚度与成品厚度比率	4.5 : 1
	27	待温终了温度 / ℃	837
-70	-70	终轧温度 / ℃	774

1900x2300 mm;			
$630 / 吨		总的板坯成本	$164790
	Achieved		
	4		
	41.851		
	1559		
	96.616	= 44.5%	
	4		
	9746 @ $60000 / {hour}	轧机运行成本	$162440
合格。		总成本	$327230
		数据不能保存	

图 9 - 27 模拟结果失败界面

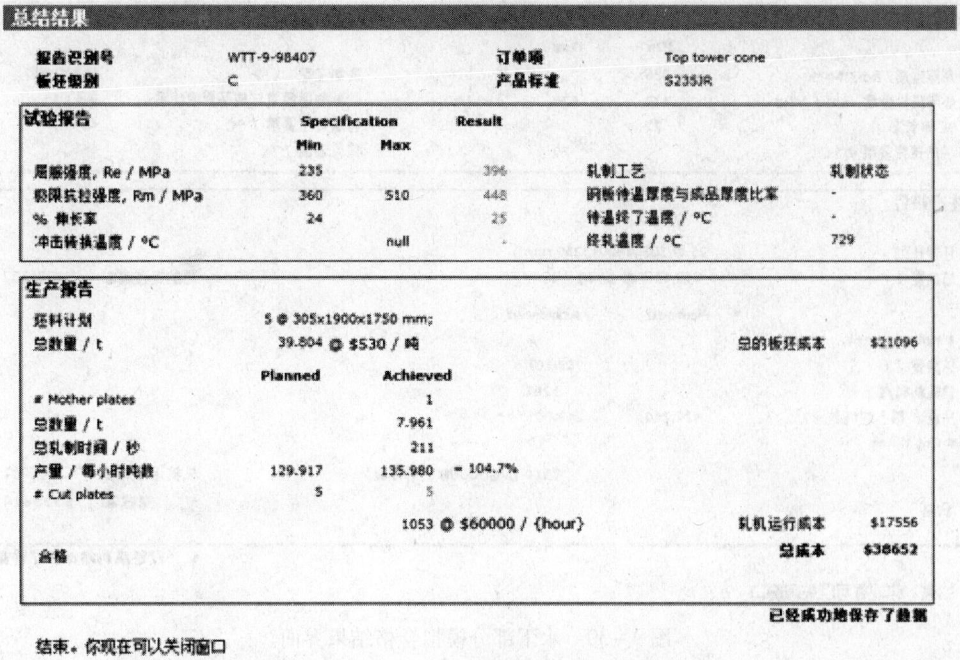

总结结果

| 报告识别号 | WTT-9-98407 | | 订单项 | Top tower cone |
| 板坯级别 | C | | 产品标准 | S235JR |

试验报告	Specification		Result		
	Min	Max			
屈服强度, Re / MPa	235		396	轧制工艺	轧制状态
极限抗拉强度, Rm / MPa	360	510	448	钢板待温厚度与成品厚度比率	·
% 伸长率	24		25	待温终了温度 / ℃	·
冲击转换温度 / ℃		null		终轧温度 / ℃	729

生产报告				
坯料计划	5 @ 305x1900x1750 mm;			
总数量 / t	39.804 @ $530 / 吨		总的板坯成本	$21096
	Planned	Achieved		
# Mother plates		1		
总数量 / t		7.961		
总轧制时间 / 秒		211		
产量 / 每小时吨数	129.917	135.980	= 104.7%	
# Cut plates	5			
		1053 @ $60000 / {hour}	轧机运行成本	$17556
合格			总成本	$38652
		已经成功地保存了数据		

结束。你现在可以关闭窗口

图 9 - 28 塔锥部分模拟合格结果界面

总结结果

报告识别号	WTT-10-98315	订单项	Transition piece
板坯级别	A	产品标准	S355G10+M

试验报告

	Specification Min	Max	Result		
屈服强度, Re / MPa	355		446	轧制工艺	控制轧制
极限抗拉强度, Rm / MPa	470	630	491	钢板待温厚度与成品厚度比率	2.4 : 1
% 伸长率	22		28	待温终了温度 / ℃	816
冲击转换温度 / ℃		-70	-72	终轧温度 / ℃	775

生产报告

坯料计划	25 @ 305x1900x2380 mm;			
总数量 / t	270.670 @ $620 / 吨			总的板坯成本 $167815
	Planned	Achieved		
# Mother plates		5		
总数量 / t		54.134		
总轧制时间 / 秒		948		
产量 / 每小时吨数	228.280	205.643	= 90.1%	
# Cut plates		5		
	4738 @ $60000 / {hour}			轧机运行成本 $78973
				总成本 $246788

合格

已经成功地保存了数据

结束。你现在可以关闭窗口

图 9 – 29   过渡段部分模拟合格结果界面

总结结果

报告识别号	WTT-11-98399	订单项	Mudline can
板坯级别	F	产品标准	S355G10+M

试验报告

	Specification Min	Max	Result		
屈服强度, Re / MPa	335		336	轧制工艺	控制轧制
极限抗拉强度, Rm / MPa	470	630	480	钢板待温厚度与成品厚度比率	2.6 : 1
% 伸长率	22		32	待温终了温度 / ℃	885
冲击转换温度 / ℃		-70	-72	终轧温度 / ℃	865

生产报告

坯料计划	25 @ 305x1900x3250 mm;			
总数量 / t	369.612 @ $640 / 吨			总的板坯成本 $236552
	Planned	Achieved		
# Mother plates		6		
总数量 / t		88.707		
总轧制时间 / 秒		1282		
产量 / 每小时吨数	427.250	249.005	= 58.3%	
# Cut plates		6		
	5344 @ $60000 / {hour}			轧机运行成本 $89062
				总成本 $325614

合格

已经成功地保存了数据

结束。你现在可以关闭窗口

图 9 – 30   水下部分模拟合格结果界面

10 型钢模拟轧制

10.1 型钢概述

10.1.1 型钢的分类

型钢是一种实心断面钢材，其品种很多，按其断面形状可分为简单断面型钢（方钢、圆钢、扁钢、角钢）和复杂断面型钢（槽钢、工字钢、钢轨等）。

10.1.1.1 简单断面型钢

（1）方钢。断面形状为正方形的钢材称为方钢，其规格以断面边长尺寸来表示。经常轧制的方钢边长为 5~250mm，个别情况还有更大些的。方钢可用来制造各种设备的零部件、铁路用的道钉等。

（2）圆钢。断面形状为圆形的钢材称为圆钢，其规格以断面直径的大小来表示。圆钢的直径一般为 5~200mm，在特殊的情况下可达 350mm。直径为 5.5~9mm 的小圆钢称为线材，用于拔制钢丝，制造钢丝绳、金属网、涂药电焊条芯、弹簧、辐条、钉子等；直径 10~25mm 的圆钢，是常用的建筑钢筋，也用以制作螺栓等零件；直径 30~200mm 的圆钢用来制造机械上的零件；直径 50~350mm 的圆钢可用作无缝钢管的坯料。

（3）扁钢。断面形状为矩形的钢材称为扁钢，其规格以厚度和宽度来表示。通常轧制的扁钢厚度从 4mm 到 60mm，宽度从 10mm 到 200mm。多用作薄板坯、焊管坯以及用于机械制造业。

（4）六角钢。其规格以六角形内接圆的直径尺寸来表示。常轧制的六角钢的内接圆直径为 7~80mm。多用于制造螺帽和工具。

（5）三角钢、弓形钢和椭圆钢。这些断面的钢材多用于制作锉刀。三角钢的规格用边长尺寸表示，常轧制的三角钢边长为 9~30mm。弓形钢的规格用其高度和宽度表示，一般弓形钢的高度为 5~12mm，宽度为 15~20mm。椭圆钢规格是以长、短轴尺寸来表示，其长轴长度为 10~26mm，短轴长度为 4~10mm。

（6）角钢。角钢有等边、不等边两种。等边角钢规格以边长与边厚尺寸表示。常用等边角钢的边长为 20~200mm，边厚为 3~20mm。不等边角钢的规格分别以长边和短边的边长表示，最小规格的不等边角钢长边为 25mm，短边为 16mm；最大规格的不等边角钢长边为 200mm，短边为 125mm。角钢多用于金属结构、桥梁、机械制造和造船工业，常为结构体的加固件。

10.1.1.2 复杂断面型钢

（1）工字钢。工字钢规格以高度尺寸表示。一般的工字钢有 No. 10~63，即高度等于 100~630mm，特殊的高度达 1000mm。工字钢广泛地应用于建筑或其他金属结构。

（2）槽钢。其规格以高度尺寸表示。一般的槽钢有 No. 5 ~ 40，即高度等于 50 ~ 400mm。槽钢应用于工业建筑、桥梁和车辆制造等。

（3）钢轨。钢轨的断面形状与工字钢相类似，所不同的是其断面形状不对称。钢轨规格是以每米长的重量来表示。普通钢轨的重量范围是 5 ~ 75kg/m，通常 24kg/m 以下的称为轻轨，在此以上的称为重轨。钢轨主要用于运输，如铁路用轨、电车用轨、起重机用轨等，也可用于工业结构部件。

（4）T 字钢。它分腿部和腰部两部分，其规格以腿部宽度和腰部高度表示。T 字钢用于金属结构、飞机制造及其他特殊用途。

（5）Z 字钢。Z 字钢也分为腿部和腰部两部分，其规格以腰部高度表示。它应用于铁路车辆、工业建筑和农业机械。

10.1.2　热轧型钢生产工艺流程

热轧型钢生产的主要工艺流程如图 10 - 1 所示。

图 10 - 1　型钢生产的主要工艺流程

10.1.2.1　坯料及轧前准备

型钢轧制大都采用初轧坯或连铸坯。用于轧制型钢的钢坯有大方坯、小方坯、板坯和异型钢坯，其中也有从钢锭不经中间加热直接轧成成品的。小方坯用于生产小断面型材，大方坯用于轧制大型和中型型材，板坯一般用来轧制大断面的槽钢和钢板桩等，异型钢坯一般用于轧制 H 型钢和钢板桩等。

坯料的质量对成品的质量和成品率有直接的影响，所以应根据加工率的大小和产品表面质量的要求，在不影响尺寸精度的情况下清除表面缺陷。缺陷严重的坯料，会把缺陷残存于制品中，所以必须在制坯阶段清除表面缺陷。为了保证坯料的形状和尺寸标准，对断面尺寸、直角度、弯曲度和扭曲等要进行检查，以防其对生产操作、设备安全和产品质量产生影响。

10.1.2.2　钢坯加热

将选择好的坯料送到加热炉加热。轧制型钢所用的加热炉，几乎都是连续式加热炉。这种炉子是把装入炉内的钢坯依次往前送进，在炉内根据所加热坯料的材质不同将料坯加热到最佳轧制温度（950 ~ 1200℃）后出炉。按坯料送进方式不同，连续加热炉可分为推钢式和步进式两种。步进式加热炉有操作容易、坯料移动时划伤少和加热均匀等优点，所以新建车间倾向于采用这种炉子。在保证轧制温度的前提下，尽量做到高效、均匀而经济地加热；生成的氧化皮少且易于剥离，不因严重氧化造成成品率下降和成品质量下降。坯料出炉温度，随材质不同而异，一般为 1100 ~ 1300℃。加热温度过高，会引起过热、过烧及增加烧损和脱碳，从而造成成品率下降。在炉内停留时间过长，易使晶粒粗大，氧化铁皮量增多，也会出现类似温度过高的弊病。如果加热不均，轧制时有可能出现断裂和形状不良等缺陷。由于燃料燃烧过程中所产生的二氧化碳、水蒸气和过剩的氧气等废气成分对氧化铁皮生成量和易剥离程度有很大影响，因此，必须在炉内压力和空气过剩系数适宜的条件下操作，以免出现吸入空气及燃烧空气量不足或过剩现象。

10.1.2.3 型钢轧制

A 轧制设备及其配置

型材轧制车间有大、中、小型车间和专门的轨梁车间、简单断面型材车间之分。按轧机的布置不同，可把轧机分成：（1）仅用一台轧机的称为单机架式；（2）轧机成横列（一列、两列或三列）布置的称为横列式；（3）轧机各机架顺序布置在一个或两个平行的纵列中，每架轧机只轧一道而不进行连轧的称为顺列式；（4）轧机均按纵向排列，粗轧机架是可逆的、精轧机架是连续的称为半连续式；（5）所有轧机均按纵向排列，每架轧机只轧一道，轧件在各机架上能受到同时轧制的称为连续式。

根据轧辊的组装形式不同，可把轧机分成普通三辊式、水平－垂直式和万能轧机。

B 型钢的轧制法

由于型钢的断面形状是多种多样的，所以与钢板轧制不同，其变形方式不单纯是厚向压下。一般来说，型钢轧制是使钢坯依次通过各机架上刻有复杂形状孔型的轧辊来进行轧制的。轧件在孔型中产生复杂的变形的同时断面积缩小，最后轧成所要求的尺寸和形状，这就是孔型轧制法。

在型钢轧制中，不能向轧制钢板那样通过切边来获得整齐的轧件，其最大特点是必须全部通过孔型轧制来达到断面尺寸和形状的要求。

C 型钢轧制操作要点

型钢轧制是一种对尺寸和形状要求都远比钢板轧制复杂得多的变形过程，并且还要求产品形状正确、尺寸精确、表面质量好。上述各种轧制法所用的轧辊孔型虽然是考虑了各种轧制条件而设计的，但在轧制过程中也还会有各种因素对轧件的质量产生不良影响，因此在轧制操作中必须认真注意，以防止出现质量问题。型钢轧制操作要点是从质量要求出发，在实际轧制操作中力求获得尺寸和形状正确，而且表面缺陷少的制品。因此在型材轧制车间，要对坯料的加热状况、加热炉状态、加热和轧制过程中生成的氧化铁皮的去除、轧辊压下的调整和导卫装置安装的正确性等予以极大的重视。另外，在轧制过程中，还要每隔一段时间对各架轧机上轧件的形状和尺寸取样检查一次，借以检查轧辊缺陷和有无麻面产生等。一旦发现异常，就要立即进行必要的处理。

10.1.2.4 型钢的精整

轧后的型材送到精整阶段精整。轧制的钢材，用设在精轧机后面的热锯锯断。对工字钢、槽钢、钢板桩等大断面、复杂断面制品，按照规定的定尺长度切断后，送至冷床冷却到常温。圆钢、方钢等小断面和简单断面制品一般经过冷床冷却后在冷剪机上剪断。非对称断面型钢，冷却时易发生弯曲和扭曲，因而经冷床冷却后需要在矫直机上矫直。圆钢矫直时，采用有代表性的二辊斜辊矫直机，其他型钢采用一般辊式矫直机，若用上述两种方法难以矫直两端弯曲的钢材时，可用压力矫直机矫直。然后，在检查台上对型钢的断面形状、缺陷、弯曲、长度等进行检查，检查后取样进行力学性能等检查，合格者为成品型钢，最后经打印捆扎包装出厂。对某些特殊要求的制品，在出厂前，为了防止生锈还要经过喷丸、涂油等工序。

10.2　模拟轧制

在给定设备及轧制程序表的情况下，要求操作者站在现场操作工人的角度对轧机及辅助设备进行操作，控制产品的生产节奏，最终在目标时间内（10min ± 30s）生产出符合要求的工字钢产品。

在这个互动的模拟软件中，你有机会尝试将一块大方坯轧制成工字钢（图 10 - 2）。为实现此轧制过程，操作者需从加热炉内取出钢坯并将其运送到粗轧机，然后操作界面自动转换到粗轧机，操作者可根据屏幕显现的轧制程序表移动并翻转钢坯进行轧制。轧制结束后，界面将自动回到原生产线界面视图，操作者应将轧件经过切头剪后运送到 REF（粗轧 - 轧边 - 终轧）机架，并完成最后成品轧制过程。操作者应在规定的时间内完成工字钢的生产过程。

图 10 - 2　双击进入操作图标

10.2.1　生产线操作界面视图

这是整个生产线的视图（图 10 - 3），操作者可沿生产线移动并放大或缩小视图，以便观察轧制过程的各个组成部分。视图的移动可以通过鼠标拖动方格，使用快捷键或直接点击想观察的设备来完成。在此视图中，轧件可加速或减速传送（使用轧件速度控制器①）。

①——轧件速度控制器。轧件速度也可以通过快捷键⑤进行控制。在粗轧机架视图中，点击弯曲的箭头可以翻转钢坯。

②——计时器：显示所用的时间。

③——轧制程序表。在粗轧视图中，显现每个轧制步骤或目标辊缝值。随着每一步轧制的完成，相应的轧制程序的颜色将改变。

灰色：过程结束。

绿色：下一轧制过程（粗轧视图中）；生产过程进行中（生产线平面图中）。

红色：下一生产过程（仅用于生产线平面图中）。

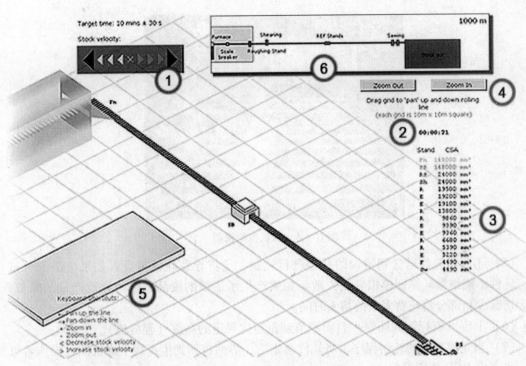

图 10 - 3　型钢生产线操作界面

黑色：未完成的生产过程。

④——放大/缩小按钮。也可以通过快捷键⑤进行控制。

⑤——快捷键。仅在生产线平面图中可见。

⑥——生产线缩略图。在生产线平面图中可见。深色的方格可以显示当前观察的区域，操作者可沿生产线拖动此方格或点击生产线某一部位将方格移至此处。通过缩略图也可以看到当前轧件在轧制线的位置。

⑦——目标孔型。仅在粗轧视图中可见。标记变红的孔型表示轧件应通过此孔型进行轧制，当标记变绿时则表示轧件与孔型位置对正可以进行轧制。

10.2.2　粗轧机架视图

当轧件接近粗轧机时此视图出现（图 10 - 4）。此视图大小、位置固定，不需调整。操作者可以前后左右运送轧件进行轧制，也可根据需要对轧件进行翻转。

粗轧机使用说明：

（1）根据屏幕所给的轧制程序表，操作者可使用粗轧视图对轧件进行轧制。

（2）使用"左"和"右"控制键或键盘上的方向键将轧件对准孔型（当轧件位置正确时，孔型上的标记变成绿色）。

（3）可使用"翻钢"控制键或空格键对轧件进行翻转。当孔型标记"P"时，应将轧件翻转到竖立状态，当孔型标记"F"时，应将轧件翻转到平躺状态。

（4）当轧件与孔型对准后，使用"上"和"下"控制键或键盘方向键运送轧件进行轧制。

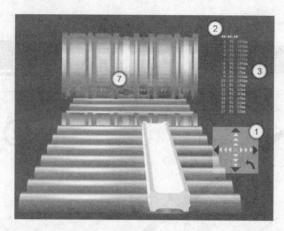

图 10 - 4　粗轧机架视图

（5）不要将轧件运送到错误的孔型进行轧制，这将导致轧件报废。如果废品部分过多，轧件不能继续轧制即模拟轧制失败。如果产生了适量的废品，也将导致产量的降低，因为切除废品部分将花费多余的切头时间。

（6）上辊（有标记的轧辊）自动调节到每道次规定的高度（辊缝值）。

（7）当完成粗轧的轧制程序，将轧件移走后，界面将回到生产线平面视图，操作者可进一步完成 REF 轧制过程。

10.2.3　REF 机架视图

REF（粗轧机/轧边机/终轧机）机架是万能钢梁轧制的终轧道次。操作者需精确设计这三个连轧机架的轧制制度，确保生产出最终的工字钢（图 10 - 5）。

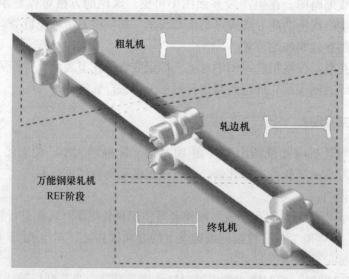

图 10 - 5　REF 机架视图

10.2.3.1　REF 机架组成

粗轧机由两个平辊和可单独移动的两立辊组成。此机架的四个轧辊组合成"狗骨"状的孔型。粗轧机承担了终轧过程轧件的大部分变形过程，因此断面的最大压下量产生在粗轧机上。

轧边机由两个加工复杂的水平辊组成。此机架对轧件的压下量非常小，主要是控制钢梁的外形，尤其是控制钢梁的腿部（钢梁截面中两个平行的边）尺寸。

终轧机由两个平辊和可单独移动的两立辊组成。此机架的四个轧辊为圆柱形，用来控制成品工字钢的规格尺寸。终轧机仅在 REF 机组的最终道次参与轧制。

10.2.3.2 REF 轧机使用说明

（1）在生产线平面图中，根据给定的轧制程序表对轧件进行轧制。

（2）所有的辊缝值根据轧制程序自动调节。

（3）轧件经过 REF 轧机成功轧制一道次后将自动停止。操作者需要使用轧件速度控制器再次运送轧件进行下一道次轧制。

（4）所有轧制道次结束后，将轧件运送到热锯结束整个轧制过程。

型钢模拟轧制结果界面如图 10 - 6 所示。

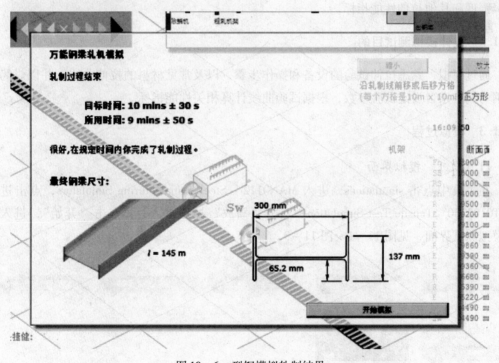

图 10 - 6　型钢模拟轧制结果

11　材料性能模拟测试

11.1　拉伸模拟测试

11.1.1　拉伸试验介绍

拉伸试验是指在承受轴向拉伸载荷下测定材料特性的试验方法。利用拉伸试验得到的数据可以确定材料的弹性极限、伸长率、弹性模量、比例极限、面积缩减量、拉伸强度、屈服强度和其他拉伸性能指标。

11.1.2　拉伸模拟测试目的

通过模拟，熟悉拉伸试验的设备和操作步骤，以及常见材料的拉伸曲线，并以烘烤硬化钢为例，亲自设定试验参数，根据试验曲线计算相关性能指标。

11.1.3　模拟过程

11.1.3.1　模拟界面

在主页中点击 simulations，进入 MAN0112 – Steel Manufacturing Simulators，点击进入 MET0102230 – Tensile Test Simulation。点击"播放"按钮进入，再点击"开始"，进入拉伸模拟测试界面，见图 11 – 1 ~ 图 11 – 3。

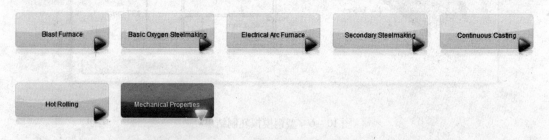

图 11 – 1　Steel Manufacturing Simulators

MET0102230-Tensile Test Simulation

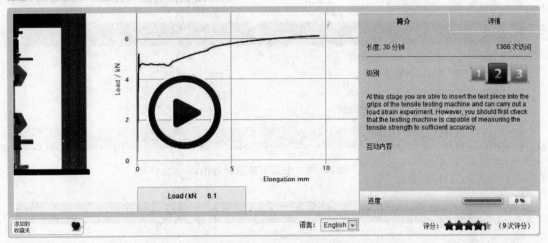

图 11 - 2　Tensile Test Simulation

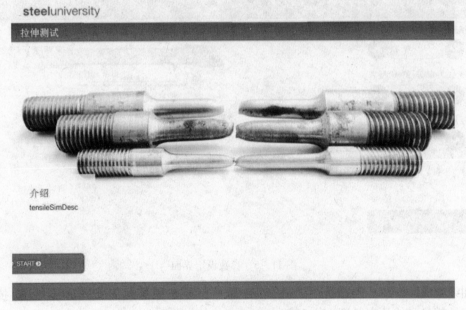

图 11 - 3　拉伸模拟测试界面

11.1.3.2　烘烤硬化薄板模拟测试

在拉伸模拟测试界面中，在 step1 中点选"烘烤硬化薄板"（图 11 - 4）。在 step2 中，根据图示中的试样尺寸，计算试样的横截面积，估计抗拉强度和最大拉力，见图 11 - 5 和图 11 - 6。根据预计的最大拉力选取测力传感器，见图 11 - 7 和图 11 - 8。点击"开始模拟"，进入拉伸测试操作界面（图 11 - 9）。

在图 11 - 9 中点击"开始加载荷"，系统根据烘烤硬化薄板的材料特定模拟拉伸曲线（见图 11 - 10 ~ 图 11 - 12）。

图 11 - 4 测试对象选择界面

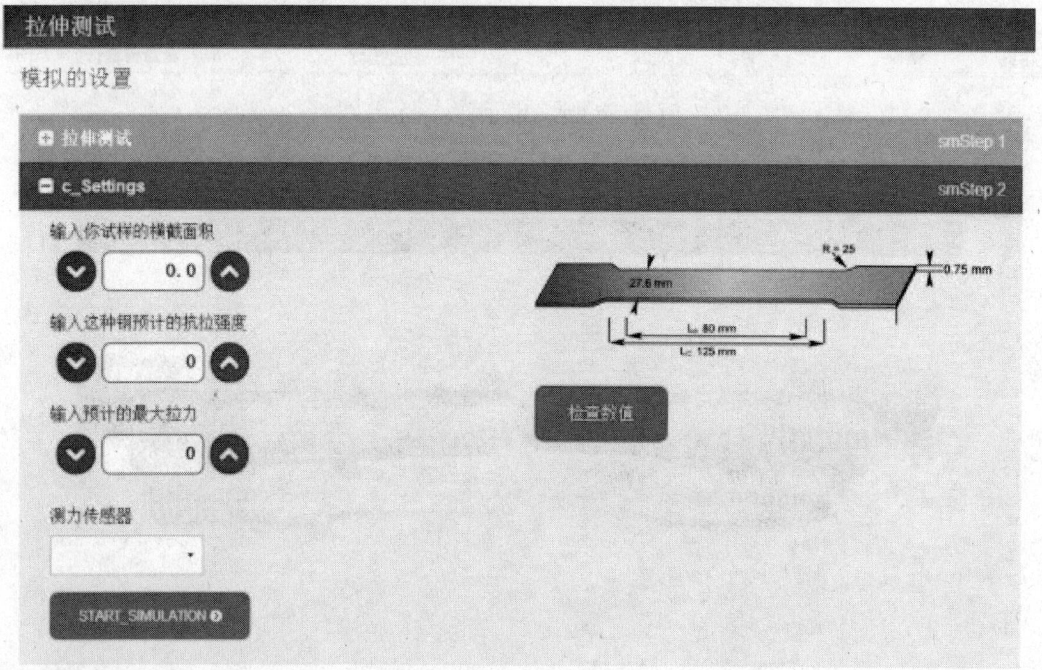

图 11 - 5 参数设定界面

曲线生成后，在右侧界面中，根据曲线数据计算上屈服应力、下屈服应力、抗拉强度、弹性模量和伸长率（图 11 - 13）。

11.1.3.3 高碳棒材和线材的测试结果

在拉伸模拟测试界面，在 step1 中点选"观看高碳棒材和线材的测试结果"（图 11 - 14）。在 step2 中，点击"开始测试"，进入拉伸测试操作界面（图 11 - 15 和图 11 - 16）。

在右侧界面上点击"开始加载荷"后，可以观察高碳棒材和线材的拉伸曲线生成过程（图 11 - 17 和图 11 - 18）。

11.1.3.4 淬火和回火处理的高合金钢的测试结果

在拉伸模拟测试界面，在 step1 中点选"观看淬火和回火处理的高合金钢（300M）的

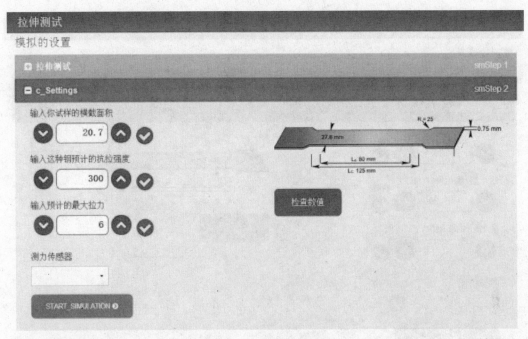

图 11 - 6 设定完成界面

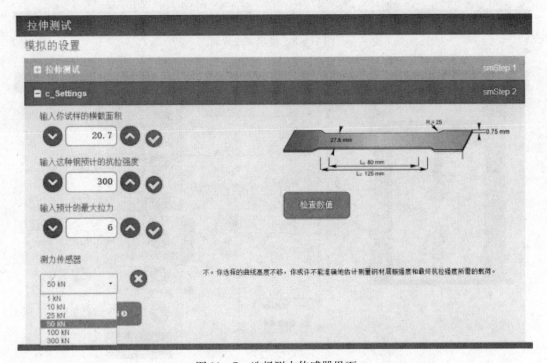

图 11 - 7 选择测力传感器界面

测试结果"（图 11 - 19）。在 step2 中，点击"开始测试"，进入拉伸测试操作界面。在右侧界面上点击"开始加载荷"后，可以观察淬火和回火处理的高合金钢的拉伸曲线生成过程（图 11 - 20 和图 11 - 21）。

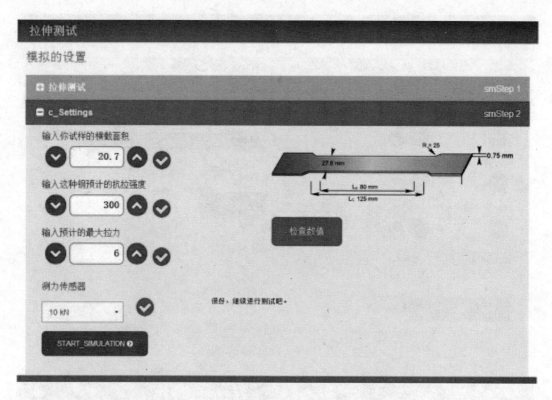

图 11 - 8   设定完成界面

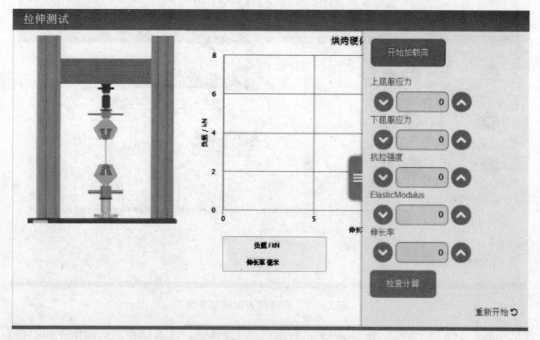

图 11 - 9   拉伸测试操作界面

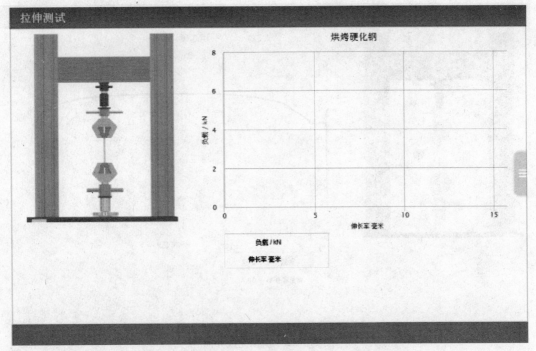

图 11 - 10　生成曲线界面（1）

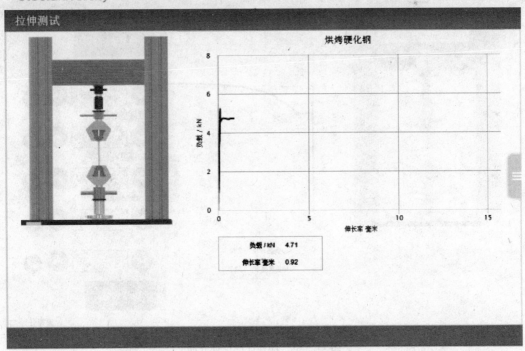

图 11 - 11　生成曲线界面（2）

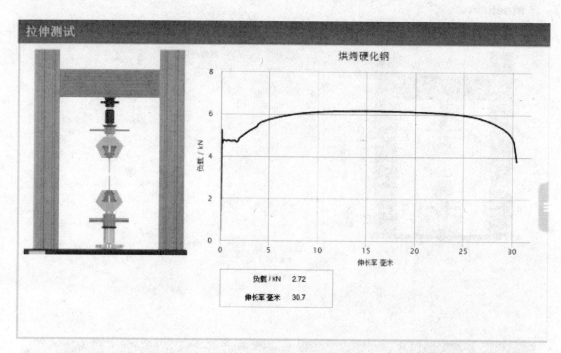

图 11 – 12 模拟完成界面

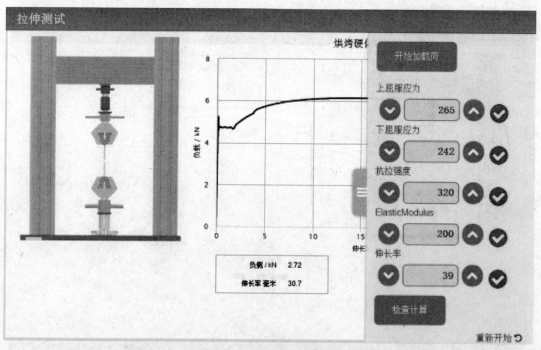

图 11 – 13 计算性能指标界面

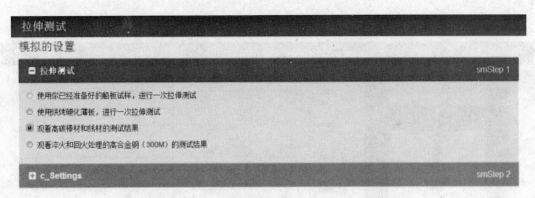

图 11 – 14　观看高碳棒材和线材的测试结果界面

图 11 – 15　开始测试界面

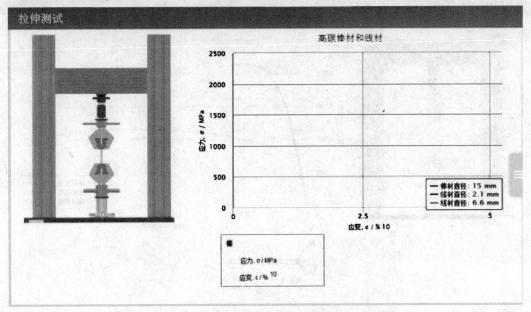

图 11 – 16　棒线材模拟界面

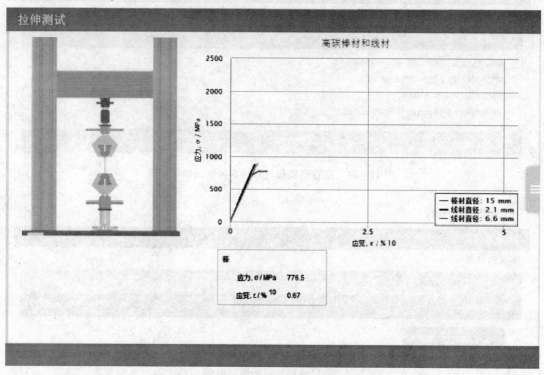

图 11 – 17 棒线材测试曲线生成界面

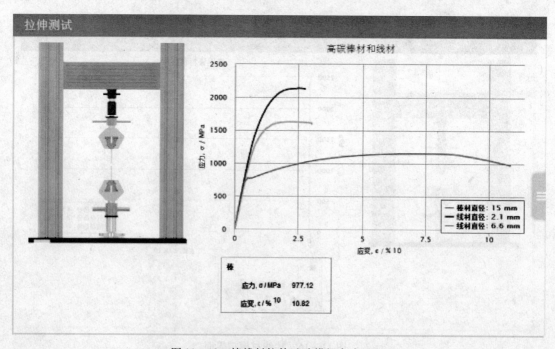

图 11 – 18 棒线材拉伸试验模拟完成界面

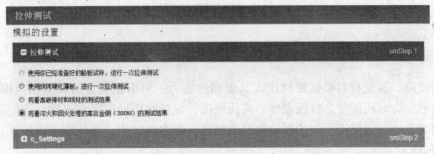

图 11-19 观看淬火和回火处理的高合金钢的测试结果界面

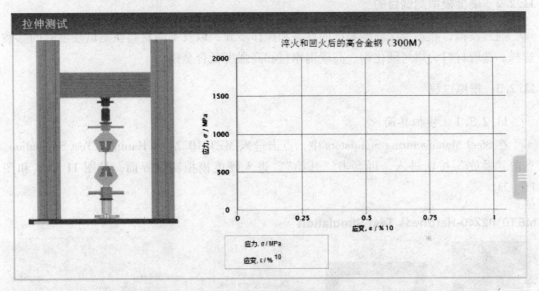

图 11-20 高合金钢模拟测试界面

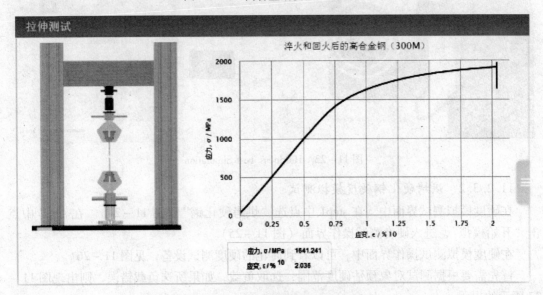

图 11-21 高合金钢模拟测试完成界面

11.2　硬度模拟测试

11.2.1　硬度测试介绍

所谓硬度，就是材料抵抗硬物压入其表面的能力。根据试验方法和适用范围的不同，硬度单位可分为布氏硬度、维氏硬度、洛氏硬度、显微维氏硬度等许多种，不同的单位有不同的测试方法，适用于不同特性的材料或场合。在本测试中，将使用维氏硬度计进行硬度模拟测试。

11.2.2　硬度模拟测试目的

通过模拟，熟悉维氏硬度测试的设备和操作步骤，以及不同材料在测试硬度时的参数选择。选取材料为烘烤硬化钢、高碳钢棒材和高强度低合金钢。

11.2.3　模拟过程

11.2.3.1　模拟界面

在 Steel Manufacturing Simulators 中，点击进入 MET0102240 – Hardness Test Simulation。点击"播放"按钮进入，再点击"开始"，进入硬度模拟测试界面，见图 11 – 22 和图 11 – 23。

MET0102240-Hardness Test Simulation

图 11 – 22　Hardness Test Simulation

11.2.3.2　烘烤硬化钢硬度模拟测试

在硬度模拟测试界面中，在 step1 中点选"烘烤硬化钢"（图 11 – 24）。在 step2 中点击"开始模拟"，进入硬度测试操作界面（图 11 – 25）。

在硬度模拟测试操作界面中，可以看到简化的硬度测试设备，见图 11 – 26。

首先需要根据测试对象预估硬度范围，选取负载，如果所选负载错误，则出现图 11 – 27 所示的提示。

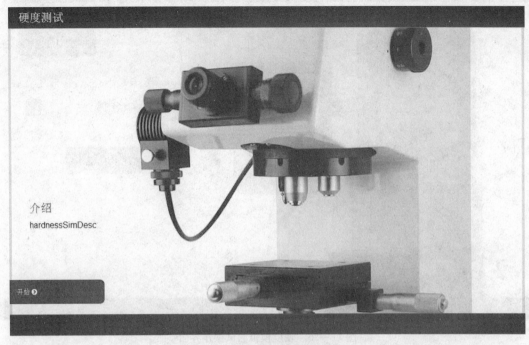

图 11 – 23　硬度模拟测试界面

图 11 – 24　测试对象选择界面

图 11 – 25　开始模拟界面

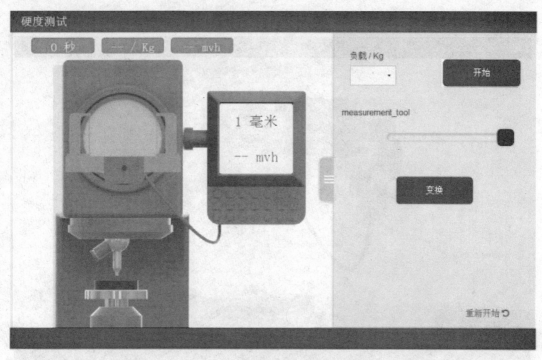

图 11 - 26 硬度模拟测试操作界面

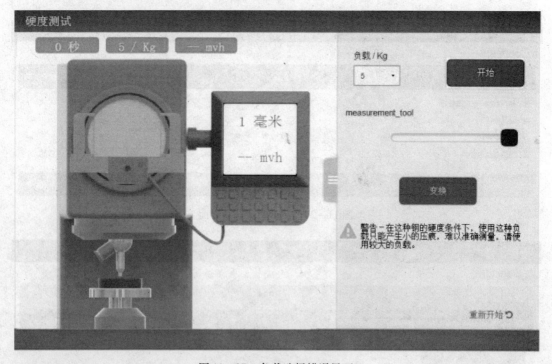

图 11 - 27 负载选择错误界面

负载选择正确后（图 11 - 28），点击开始，设备开始打点，完成后在视窗中可见压痕，见图 11 - 29。

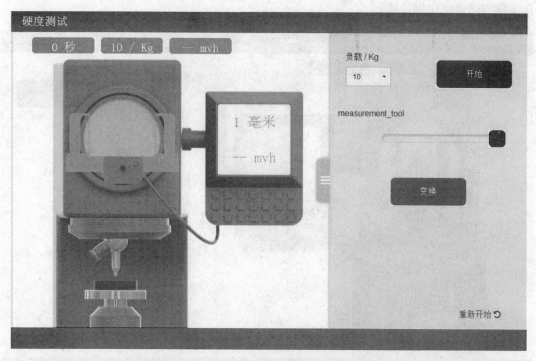

图 11 - 28   负载选择正确界面

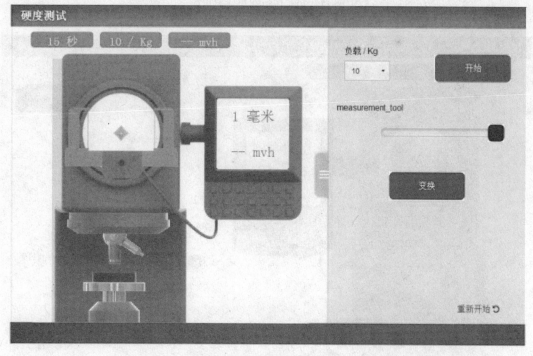

图 11 - 29   硬度测试完成界面

调节测试条，使标尺切过压痕两侧顶点，如果调节错误会有提示；如果调节正确，系统给出测定的维氏硬度值（图 11 - 30 和图 11 - 31）。高碳钢棒材和高强度低合金钢的操作步骤与烘烤硬化钢一样。

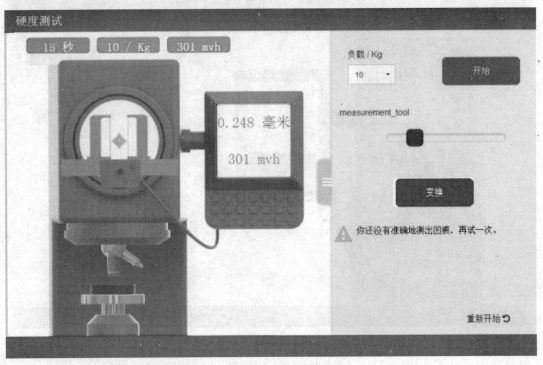

图 11 – 30   压痕测量错误界面

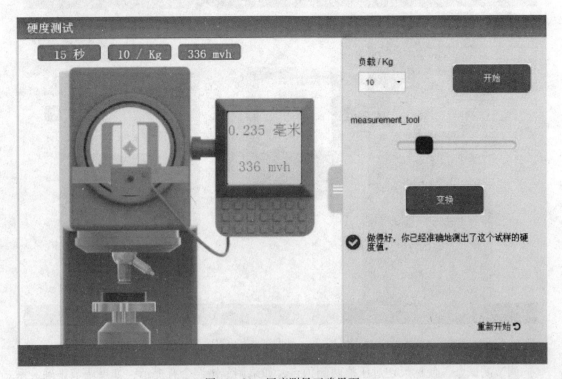

图 11 – 31   压痕测量正确界面

11.3 夏比模拟测试

11.3.1 夏比测试介绍

夏比测试是测定金属材料抗缺口敏感性（韧性）的试验。制备一定形状和尺寸的金属试样，使其具有 U 形缺口或 V 形缺口，在夏比冲击试验机上处于简支梁状态，以试验机举起的摆锤作一次冲击，使试样沿缺口冲断，用折断时摆锤重新升起的高度差计算试样的吸收功，即 A_{ku} 和 A_{kv}。

材料的冲击吸收功随温度降低而降低，当试验温度低于 T_k（韧脆临界转变温度）时，冲击吸收功明显下降，材料由韧性状态变为脆性状态，这种现象称为低温脆性。低温脆性通常用脆性转变温度评定。脆性转变温度的工程意义在于高于该温度下服役，构件不会发生脆性断裂。很明显转变温度愈低，钢的韧度愈大。脆性转变温度用夏比系列冲击试验得到的转变温度曲线确定。使用转变温度曲线进行工程设计时，关键是根据该曲线确定一个合理的脆性转变温度。不同的工程领域采用不同的方法来确定韧脆转变温度。这些方法有能量准则、断口形貌准则和经验准则。

11.3.2 夏比模拟测试目的

本测试采用能量准则和经验准则相结合的方式，测定不同温度下材料的冲击吸收功，绘制温度 – 能量曲线，读取特定能量对应的温度作为韧脆转变温度。

11.3.3 模拟过程

11.3.3.1 模拟界面

在 Steel Manufacturing Simulators 中，点击进入 MET0102235 – Simulación del Ensayo Charpy。点击"播放"按钮进入，再点击"开始"，进入夏比模拟测试界面，见图 11 – 32 和图 11 – 33。

MET0102235-Simulación del Ensayo Charpy

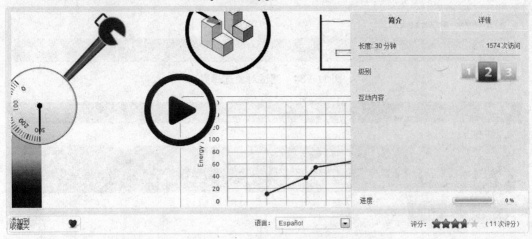

图 11 – 32　MET0102235 – Simulación del Ensayo Charpy

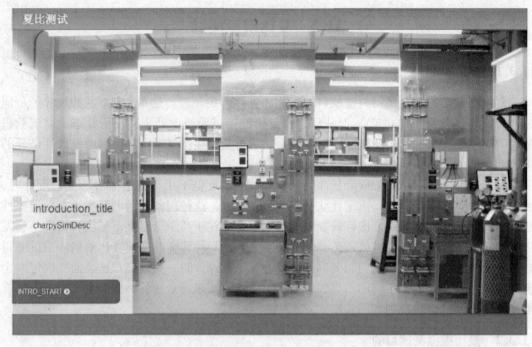

图 11 - 33   夏比模拟测试界面

11.3.3.2   夏比模拟测试操作过程

在夏比模拟测试界面中，在 step1 中点选"作为一个单独的练习运行"（图 11 - 34）。在 step2 中点击"开始模拟"，进入夏比测试操作界面（图 11 - 35）。

图 11 - 34   测试对象选择界面

图 11 - 35   夏比测试界面

在夏比测试操作界面中，可以看到界面由三部分组成（图 11 – 36 和图 11 – 37）：

（1）冲击试验机：包括由表盘、摆锤和试样构成的试验机主体和试样台的放大图（图中黑色圆圈内），以及改变试样温度的变温槽。

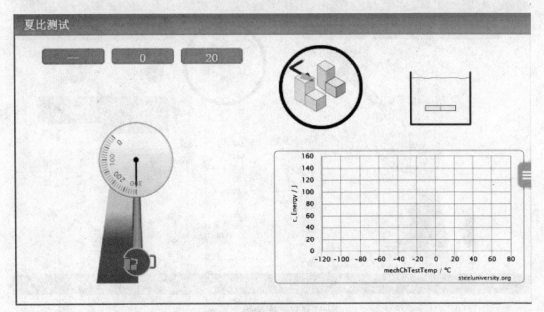

图 11 – 36　操作界面（1）

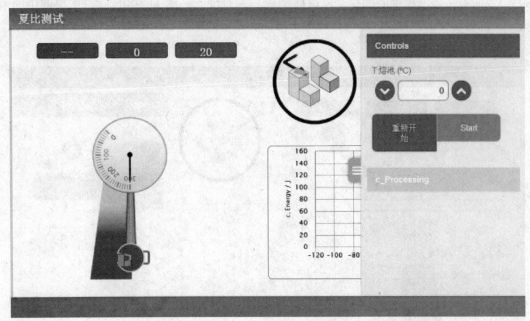

图 11 – 37　操作界面（2）

（2）试验曲线：温度 – 能量曲线图，初始图中没有测试点，待测试样有 20 个。

（3）操作界面：包括温度调节、摆锤放下和摆锤抬起。初始时摆锤处于放下状态，点击"重新开始"可以使摆锤抬起（见图11–38）。

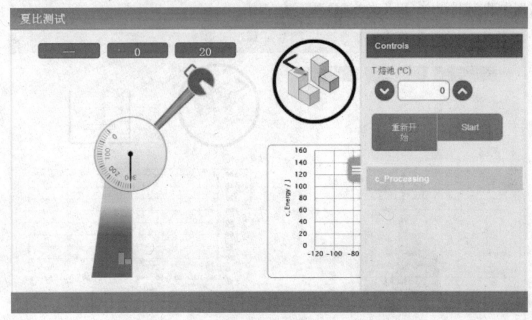

图11–38　摆锤抬起界面

在温度调节栏中输入数字，待测试样的温度会发生变化直至等于输入温度（图11–39），这时点击变温槽中的试样，该试样会放到试验台上（图11–40），点击黑圈中的箭头，系统自动使试样对中，以使摆锤冲下时能够正中试样中心（图11–41）。

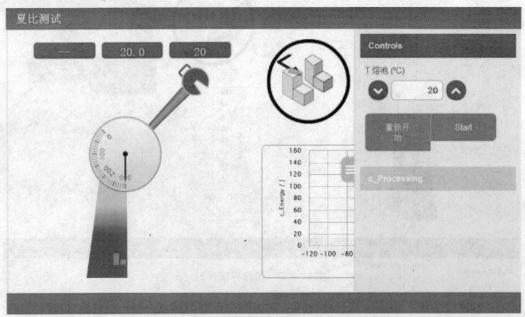

图11–39　温度调节界面

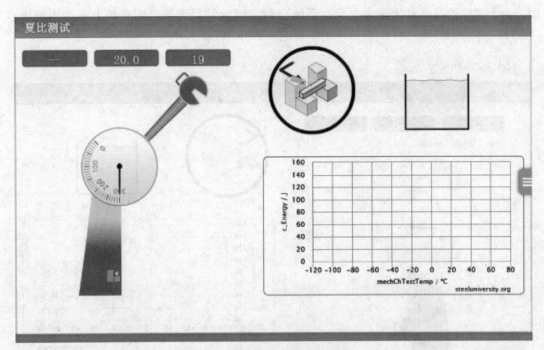

图 11 - 40　取出试样界面

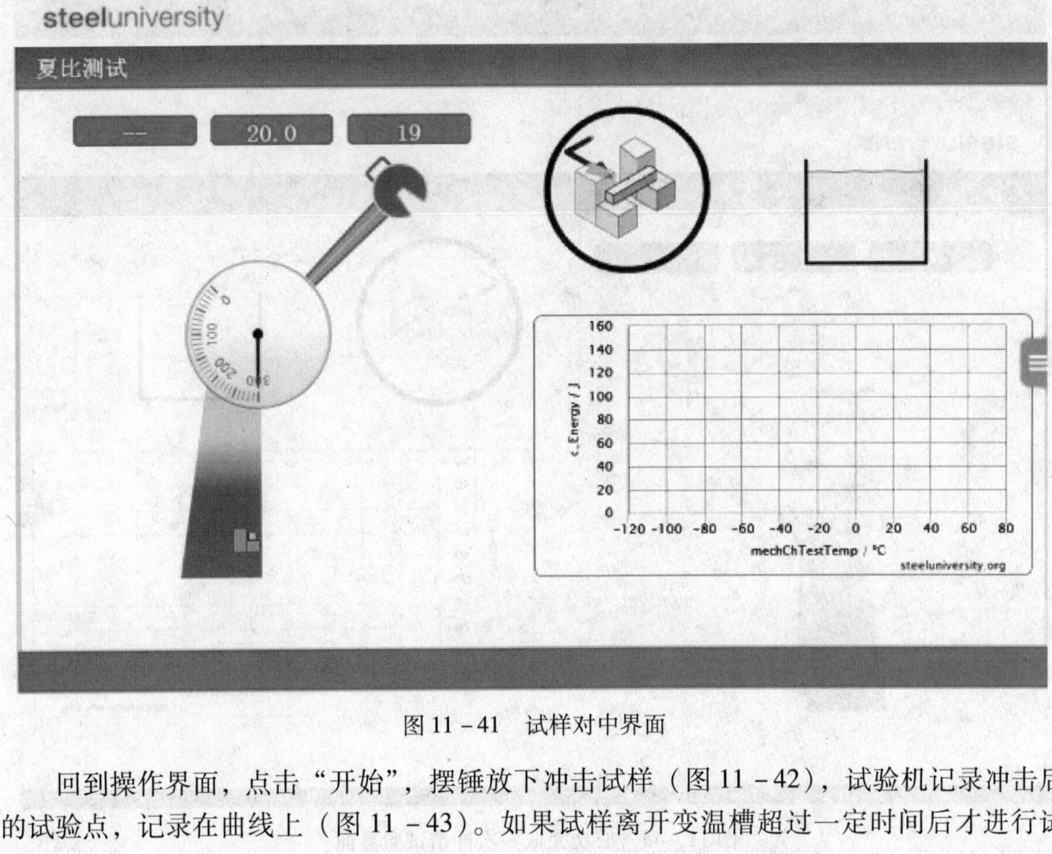

steeluniversity

图 11 - 41　试样对中界面

　　回到操作界面，点击"开始"，摆锤放下冲击试样（图 11 - 42），试验机记录冲击后的试验点，记录在曲线上（图 11 - 43）。如果试样离开变温槽超过一定时间后才进行试验，由于试样的温度发生较大变化，系统会判定试验结果无效，则曲线上不会出现该点（图11-44）。

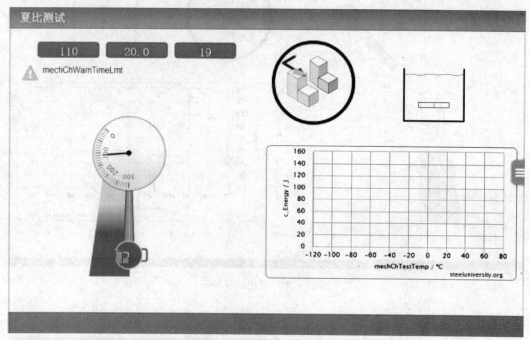

图 11-42   开始试验界面

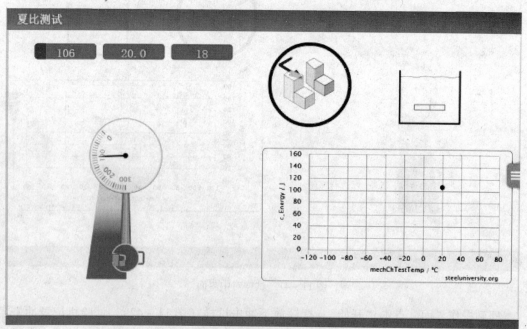

图 11-43   成功完成一次冲击试验界面

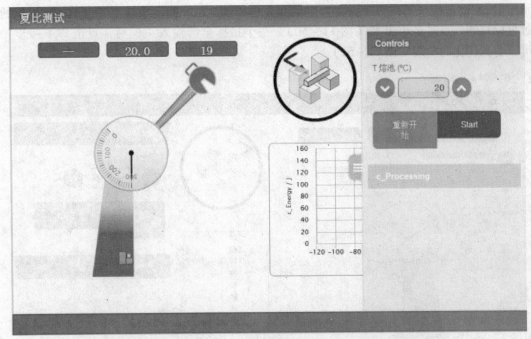

图 11 – 44 试验结果无效界面

选取不同的温度点进行系列冲击试验，得到图 11 – 45 所示的一条曲线。这时可以在操作界面中点击"数据处理"进行下一步（图 11 – 46）。也可以如图 11 – 47 所示在同一

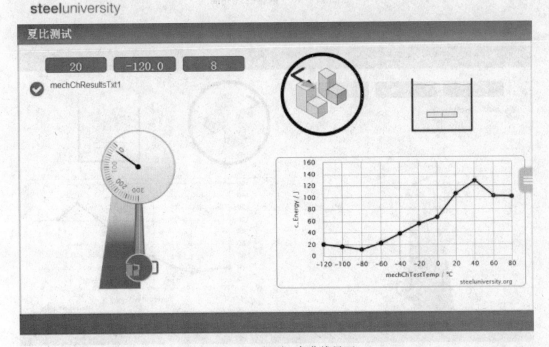

图 11 – 45 得到一条曲线界面

个温度多试验几次。进入"数据处理"后，可以从曲线上读取高阶能和低阶能，并且找到54J 所对应的温度（韧脆转变温度），见图 11 –48 和图 11 –49。曲线上各点的坐标可以通过鼠标移到该点时显示出来（图 11 –50）。三个指标全部输入正确后，点击"下一步"，可以看到优化的曲线（图 11 –51）。

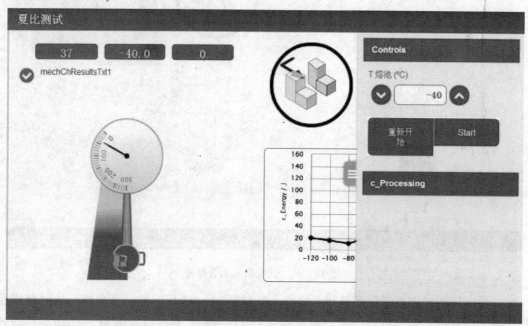

图 11 –46　数据处理界面

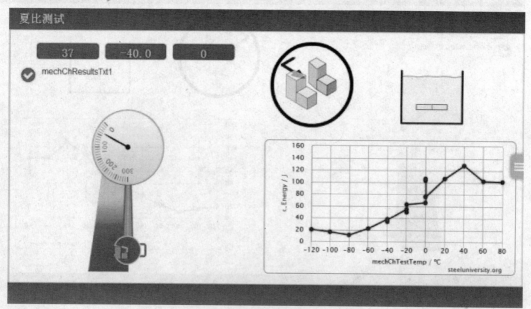

图 11 –47　同一温度可以多试验几次界面

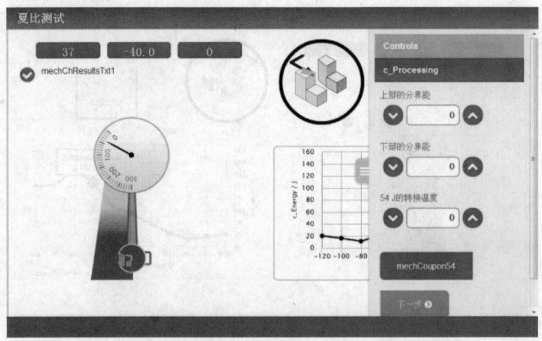

图 11 - 48　读取特征点界面

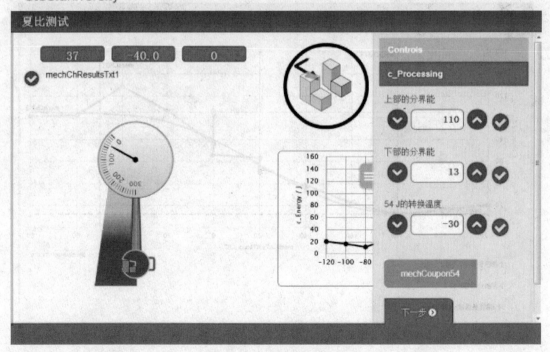

图 11 - 49　读取数据点界面

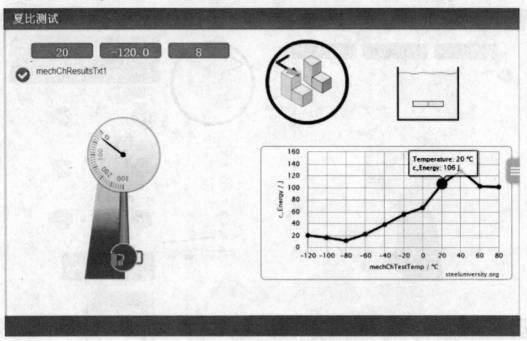

图 11 - 50   试验点可读界面

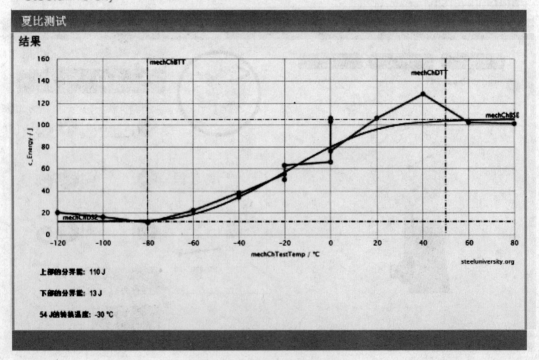

图 11 - 51   优化的曲线界面

11.4 设计和生产高强度钢

11.4.1 简介

海洋平台是由钢和混凝土组成的大型结构，主要用于从地壳中勘探、提取石油和天然气。这些平台的重量可达 100 万吨以上，因为它在水下的深度可达 2km，在水面上高度可达 50m。海洋平台属于地球上最高的人造结构之列。有一些海洋平台在陆地上就可以看到，另一些则离陆地很远。

海洋平台可以是固定或栓系于海底，栓系于海底的平台是浮动的。一座海洋平台常常与其周围的多个油气井相连，抽取这些油气井产出的石油和天然气。这些石油和天然气先在平台上进行分离，然后通过管线或油轮运到海岸。

根据位置和地理条件的不同，海洋平台有许多种不同的结构设计。在设计和建造过程中必须十分仔细，使其可以经受极端恶劣的条件——大风、飓风、低于零度的气温、冰山、高速海流和潮汐力、着火或爆炸的危险、腐蚀和疲劳等。

在海洋平台的结构和与其相连接的管线中，使用了许多种不同类型的钢材，包括碳钢、微合金钢、合金钢和不锈钢。一座海洋平台的制造过程中涉及大量不同的焊接方式。海洋平台的甲板和管状支撑结构使用高强度厚板。

在这个模块中，你将设计一种用于海洋石油平台的高强度厚钢板。你将在指导下，决定该钢种的成分、轧制工艺、热处理工艺，从生产这个钢种中获利。你设计的钢种必须满足规定的力学性能的要求，并满足用户对焊接性能的要求。

11.4.2 客户对高强度厚板的要求

你接收到一个订单，要为一座海洋平台生产一种容易焊接的高强度厚钢板。客户已经确认，这种钢种的成分和工艺路线由你来确定。

由于你是这种钢的主要供货商，该客户同意由你来进行焊接试验，所需费用由供货合同负担。在本练习中，合金成本已调整为考虑这些首次焊接试验。如果不能满足客户的要求，其他补充测试所需的费用由你自己承担。

这种厚板必须满足下列要求：

（1）力学性能：

1）下屈服点，LYS > 375MPa；

2）极限抗拉强度，UTS > 530MPa 而且小于 620MPa；

3）54J 夏比冲击转变温度，ITT < -40℃；

4）屈强比 LYS/UTS < 0.82。

（2）焊接性能：

1）碳当量，$C_{eq} \leqslant 0.40$；

2）焊缝硬度小于 400HV；

3）可接受的焊缝弯曲、焊接热影响区韧性和断裂韧度。

总订货量为 9000t，其中首批 5000t 是厚度为 50mm 的厚板，另外 3000t 的厚度还没有确定，还需要1000t厚度大于50mm的厚板。在练习的过程中，你会被告知其他厚板所需的厚度。请注意，你可能需要针对每种厚度调整钢的成分/加工工艺。很明显，理想的情况是一种成分能满足用户提出的所有厚度的要求。

你生产的300t铸坯可获得280t可销售的厚板。每次浇注可轧制20块厚板，每批10块。

经确认，产品的售价为 $502.50/t，所以，该合同的总额为 $4522500。经过内部核算，利润目标为 $450000，这考虑了工厂的负荷和操作成本。进行力学性能测试的成本为 $20/块厚板。

11.4.3 操作步骤

（1）打开钢铁大学主页，进入设计和生产高强度钢页面——6. 设计和制造练习以及用户指南，点击图片进入模拟页面。

（2）选择操作者水平，点击"下一步"。

（3）选择你所设计高强度钢的元素成分、工艺路线，当各项指标合适后，你可以进入下一步（图11-52）。

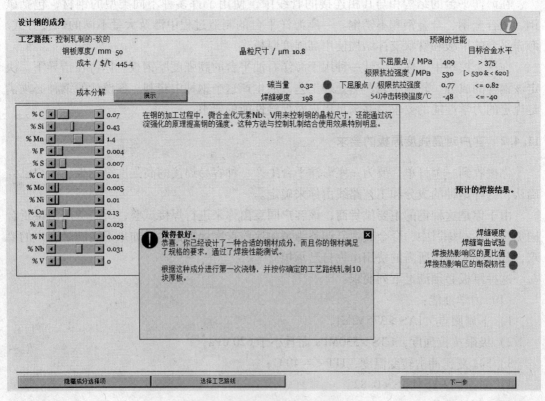

图11-52　设计钢的成分界面

（4）根据系统提供的预测数据，选择第一炉钢的轧制路线（图11-53）。

（5）第一炉钢生产结束后，系统会给出第二炉钢的成分。注意：第二炉钢的成分会在第一炉钢成分（你设计的）基础上随机作出改变。你要决定接下来的生产路线。

- ○　要求炼钢车间改变下一炉和随后浇次的钢液成分？
- ○　改变下一批10块厚板的工艺路线。
- ◉　根据同样的工艺路线，轧制下一批10块厚板。

图 11 – 53　轧制路线界面

（6）如果你的第二炉钢生产成功，那么你可以按照这个方案继续轧制，直至完成这个厚度钢板的数量要求（图 11 – 54）。然后，系统会要求你生产另一个厚度的钢板，方法和上述内容一样，直至你完成全部订单（图 11 – 55）。

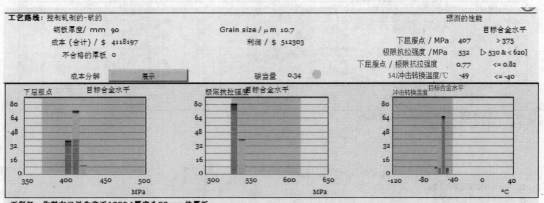

图 11 – 54　模拟过程界面

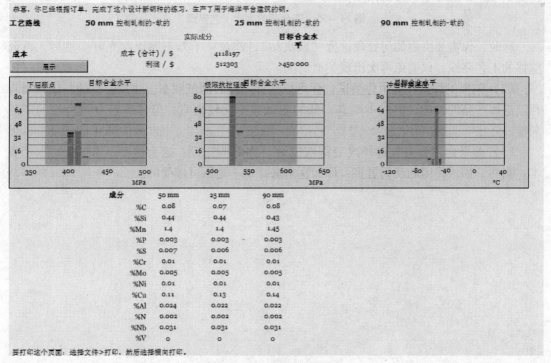

图 11 – 55　模拟结果界面

11.4.4　注意事项

（1）当你选择了不合适的生产路线，生产出的厚板可能与要求不符合，见图 11－56。

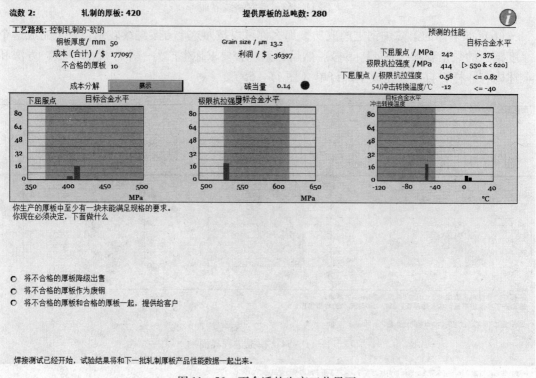

图 11－56   不合适的生产工艺界面

这时，你需要决定如何处理这批"残次品"，建议：千万不要以次充好。然后，再调整你的工艺路线，以避免再次出现类似情况。

（2）钢板的焊接性能由你测试，你可以选择不同的测试频率。注意：高的测试频率有利于把握产品的性能，但成本略高；低的测试频率比较便宜，但是容易有不合格的产品漏检。

（3）如果你"被迫"选择改变钢液成分，你需要知道：这会提高 $30000 的生产成本。当然，如果你因此获利更多，那么这个选择也不是不可接受的。

冶金工业出版社部分图书推荐

书　名	作　者	定价（元）
物理化学（第 4 版）（本科国规教材）	王淑兰	45.00
冶金物理化学研究方法（第 4 版）（本科教材）	王常珍	69.00
冶金与材料热力学（本科教材）	李文超	65.00
冶金传输原理（本科教材）	刘　坤	46.00
冶金传输原理习题集（本科教材）	刘忠锁	10.00
热工测量仪表（第 2 版）（国规教材）	张　华	46.00
相图分析及应用（本科教材）	陈树江	20.00
冶金原理（本科教材）	韩明荣	40.00
钢铁冶金原理（第 4 版）（本科教材）	黄希祜	82.00
耐火材料（第 2 版）（本科教材）	薛群虎	35.00
钢铁冶金原燃料及辅助材料（本科教材）	储满生	59.00
钢铁冶金用耐火材料（本科教材）	游杰刚	28.00
现代冶金工艺学——钢铁冶金卷（本科国规教材）	朱苗勇	49.00
钢铁冶金学教程（本科教材）	包燕平	49.00
钢铁冶金学（炼铁部分）（第 3 版）（本科教材）	王筱留	60.00
炼铁学（本科教材）	梁中渝	45.00
炼钢学（本科教材）	雷　亚	42.00
炉外精炼教程（本科教材）	高泽平	39.00
连续铸钢（第 2 版）（本科教材）	贺道中	30.00
复合矿与二次资源综合利用（本科教材）	孟繁明	36.00
冶金设备（第 2 版）（本科教材）	朱　云	56.00
冶金设备课程设计（本科教材）	朱　云	19.00
冶金设备及自动化（本科教材）	王立萍	29.00
冶金工厂设计基础（本科教材）	姜　澜	45.00
炼铁厂设计原理（本科教材）	万　新	38.00
炼钢厂设计原理（本科教材）	王令福	29.00
轧钢厂设计原理（本科教材）	阳　辉	46.00
冶金科技英语口译教程（本科教材）	吴小力	45.00
冶金专业英语（第 2 版）（国规教材）	侯向东	36.00
冶金原理（高职高专教材）	卢宇飞	36.00
金属材料及热处理（高职高专教材）	王悦祥	35.00
烧结矿与球团矿生产（高职高专教材）	王悦祥	29.00
高炉冶炼操作与控制（高职高专教材）	侯向东	49.00
转炉炼钢操作与控制（高职高专教材）	李　荣	39.00
炉外精炼操作与控制（高职高专教材）	高泽平	38.00
连续铸钢操作与控制（高职高专教材）	冯　捷	39.00
矿热炉控制与操作（第 2 版）（高职高专国规教材）	石　富	39.00